KB147675

지금 이 순간을 기억해

프롤로그

715일,
긴 여행을 끝으로
한국으로 돌아왔다

서른한 살의 겨울의 끝자락에 떠나, 서른세 살의 겨울의 끝자락에 러시아를 끝으로 긴 여행이 끝이 났다. 시베리아는 겨울이어야 한다며 고집한 러시아에서 한국으로 돌아오는 비행기 안, 존재하지 않을 것만 같았던 겨울의 붉은 노을이 내 마지막 비행을 내내 뭉클하게 만들었다.

유럽, 아프리카, 남미, 미국. 4대륙 55개국 179개 도시를 여행하며 겪었던 715일간의 일들이 두 시간이 조금 넘는 비행에서 오래된 흑백 필름처럼 스쳐 지나갔다. 영어를 한마디도 하지 못해 열심히 손짓 발짓 해가며 찾아다니던 날들, 어느새 일상이 되어버린 히치하이킹을 식은땀을 줄줄 흘리면서 처음 했던 날, 아프리카에서 천 원, 이천 원 아끼겠다고 흥정하고 싸우던 날들, 잘 곳이 없어 공항이며 해변이며 가리지 않고 무턱대고 잤던 날들, 한국에 있는 가족들이 보고 싶어 몰래 울던 날들, 좋은 동행들을 만나 즐거웠던 날들, 싸구려 텐트에서 쏟아지는 별을 보다 죽을 만큼 아팠던 날들, 수천 년 동안 언 빙하를 눈앞에 두고 가슴이 벅찼던 날들, 뜨거운 사막에서 몇 번이나 일출과 일몰을 맞이하며 이런 게 인생이라 생각했던 날들, 별이 쏟아지는 허허벌판에서 추위에 덜덜 떨면서도 별이 쏟아지는 하늘을 보며 잠들었던 날들, 카우치 서핑을 하며 세계 각지에 돌아갈 집을 만들던 날들, 갑작스러운 친절과 초대받던 날들, 말로는 형언할 수 없을 하루하루 찰나의 순간들이 하나하나 떠오르며 비행기 창밖으로 보이는 노을과 함께 밀려 어둠으로 사라졌다.

어떠한 말로도 형용할 순 없겠지만 지금 죽어도 참 괜찮다고 생각할 만큼, 날 위해 살았던 순간이 끝났다.

참, 다행이다.
내가 떠날 수 있는 용기를 가진 사람이어서.

프롤로그

PART. 1 오늘을 행복하게 살기 위해

PART. 2 지금 이 순간을 사랑할 것

PART. 3 행복은 언제나 가까이에 있다

PART. 1

오늘을 행복하게 살기위해

어느 한 날이 눈부시지 않은 날들이 없었다
지금 삶이 힘든 당신, 이 세상에 태어난 이상
모든 것을 매일 누릴 자격이 있다
오늘을 살아가라
눈이 부시게~ 당신은 그럴 자격이 있다

- 배우 김혜자 -

#나 이제 좀 쉬어도 될까

"나 이제 돈 그만 벌고 싶어. 좀 쉬고 싶다."

열심히 살아왔다고 생각했는데, 남들보다 너무 빡빡하게 살아온 탓인지 서른이 되어서야 나는 꾹꾹 참아왔던 지침을 입 밖으로 토해냈다. 밤낮으로 일해가며 그토록 원하던 전셋집을 얻어냈는데도 살림살이가 제대로 차지 않아 휑-한 기운이 맴돌았다. 그래서인지 퇴근길도 그렇게 즐겁지 않았다. 친구들을 만나지 않으면 마음이 허했고, 술에 잔뜩 취해 집에 들어가는 일도 잦았다. 외로운 게 아니라 추수가 끝난 허허벌판에 서 있는 허수아비가 된 것처럼 내 마음은 뭔가 공허함에 휩싸였다.

"사는 게 재미없다, 어쩌지?"

고작 서른 살인 내게 인생이란 것에 회의감이 찾아왔다.

우는 일이 잦았고, 한숨이 늘었다. 하고 싶지 않은 일을 돈 때문에 한다는 사실에 출근길은 늘 지옥 같았지만 먹고 싶지 않은 음식을 삼키듯 꾸역꾸역 걸었다. 나만 이렇지 않다는 건 이미 오래전부터 알고 있던 사실이었지만 가슴이 꽉 막혀왔다. 그저 남들과 똑같은 평범한 삶을 살아가는 사람 중에 하나라고 생각했지만 삶을 잘 버텨내고 있다고 생각했던 내게 이상 신호가 왔다.

사는 게 숨이 막혀 그냥 이대로 죽어 버렸으면 좋겠다고 생각했던 어느 오후, 정말 오랜만에 길가에 우수수 떨어지는 노란 은행잎 사이로 파란 가을 하늘이 보였다.

"예쁘다!"

오랜만에 무언가가 예쁘다며 혼잣말을 중얼거렸는데, 그 찰나에 나는 삶에 대한 욕심이 생겼다. 이 예쁜 하늘을 매일 보고 싶어졌다.

'사는 것처럼 살고 싶어.'

성인이 되어 처음으로 사는 것처럼 살고 싶다고 생각했다. 아니 이제 그래야만 내가 살 수 있을 거라는 생각이 들었다. 내게 올지 안 올지도 모르는 그 미래란 녀석 때문에 더 이상 이렇게 살 바에야 지금 이 순간을 위해 살아야겠다는 생각은 결국 나를 한국 밖으로 내몰았다.

"엄마, 나 여행 가려고."
"얼마나?"
"글쎄… 한 일 년?"

십 년 사이에 엄마에게 저 다녀오겠다는 말을 일방적으로 통보한 것이 이번이 세 번째. 열아홉, 수능이 끝나고 옷 몇 가지만 대충 챙겨 서울로 대학을 가겠다며 떠났던 그 겨울, 스물셋, 갑자기 일본으로 가겠다며 떠났던 그 여름, 그리고 서른, 이제는 날 위해 살고 싶어 떠나고 싶다고 말하고 있는 지금, 다시 겨울.

엄마는 무덤덤하게 받아들였지만 내심 서운함을 내비쳤다. 서른이 넘어버린 딸의 갑작스러운 발언에 또 한 번 가슴이 철렁했을 것이다. 부모의 입장에서 이제 그만 안정된 삶을 살기를 바라셨을 테니.

매달 통장에 찍히는 돈은 600만 원, 돈이 된다면 뭐든지 하는 내가 하루 12시간이 넘게 일해서 받는 금액이었다. 돈이 전부라 생각하고 살았던 내가 제일 먼저 마음먹은 일은 이 월급을 깔끔하게 포기하는 거였다. 전세 대출 자금을 갚느라 허덕이며 세상에서 1,200원짜리 편의점 김밥이 제일 맛있다고 생각하는 내가, 아무리 돈을 많이 번다 한들 그것이 더는 내 인생에 큰 의미는 아닐 것이 분명했다.

“사는 것처럼 살자.”
“그까짓 돈이 내 인생을 대신 살아줄 수 없잖아.”

인생의 전부였던 돈이 인생의 전부가 아니라는 것을 인정하는 순간이었다.

서른하나.
대기업이나 공기업을 다닌 것도 아니고 수번의 휴학 끝에 대학교는 결국 다 마치지 못해 자퇴했다. 여느 사람들처럼 돈이 최고라 믿으며 안정된 미래와 결혼을 꿈꾸는 그런 사람이었지만, 감히 내가 다시 꿈을 꾸기 위해 사표를 던졌다.

“퇴사하겠습니다.”
회사에서 일을 제일 많이 하는 사람이 되려 그만둔다니, 여러 가지 제안들이 들어왔다. 월급과 근무 시간에 관한 것들이었지만 그땐 그게 꼭 악마의 유혹같이 느껴졌다.

“제 인생을 제대로 한번 살아보고 싶어서요.”

누군가는 내게 미쳤다고 했고,
누군가는 나를 걱정했으며

누군가는 나를 응원했다.

물론 응원보단 나무라는 쪽이 훨씬 많았지만.

"잘 다녀와, 이 시간이 인생에 아주 중요한 시간이 될 거다."

아빠는 언제나 그랬듯 내 어깨를 두드리며 말했다.

먼 길을 떠나는 딸을 마중 나온 부모님 앞에서 서른한 살의 딸은 미안한 마음과 감정이 복받쳐 목이 메었지만 늘 큰딸에게 아무것도 해주지 못한다며 미안해하는 부모님에게 웃으며 손을 흔들었다.

"저희 비행기는 곧 이륙하오니…."

안내 방송이 흘러나왔다.

이월의 오후, 강렬한 햇살이 새어 들어오는 창문 사이로 그제야 나는 눈물을 펑펑 쏟았다. 설렘 반, 두려움 반의 마음과 내가 떠날 수 있는 용기를 내었다는 안도감에 마음이 뭉클했다.

"언제 죽을지도 모르는데, 제대로 한번 살아보자."

그렇게 나의 여행은 시작되었다.

¶

여행은 언제나 돈의 문제가 아니고 용기의 문제다.

- 파울로 코일로 -

사실, 용기라는 거 별거 아니야

용기를 내야 할 때, 그 용기를 북돋워주는 순간들이 있거든
어디선가 스치듯이 눈에 들어왔던 사진 같은 거 있잖아.
우연하게 막연히 꿈꾸게 하는 것들이 용기를 주는 게 아닐까?

그러니 망설이지 않아도 괜찮아.
용기를 낸 그 순간만으로도
그대는 정말 잘하고 있다고
난 말할 거야.

#당연하지만 당연하지 않았던 - 태국 방콕

"이제 시작이야!"

새벽 한 시, 도착한 곳은 구불구불한 글씨들이 그득한 방콕이다. 여행을 준비하는 동안 방콕에서 여행자의 거리인 카오산 로드까지 가는 방법을 수도 없이 봐 왔음에도 불구하고 머릿속이 새까맣다.

배낭을 멘 채로 공항 문을 몇 번이나 드나들었는지 모르겠다. 택시를 혼자 탈 용기가 나지 않아 결국 다시 공항으로 돌아와 이리저리 기웃거리다 지하 3층 에스컬레이터 밑 다락 같은 곳에 침낭을 덮고 기대 앉았다. 인터넷 검색에서 스쳐 지나가듯이 본 '공항 노숙'의 첫 순간이다.

공항 화장실 한편에서 세수와 양치를 하고는 침낭을 곱게 펴 스멀스멀 찬 기운이 올라오는 차가운 대리석 바닥에 누워 애써 잠을 청했다. 새벽의 공항은 고요하지만 때때로 타국에 도착한 이들의 설렘의 소리가 울렸다 사그라들었다. 순간적으로 나는 후회가 밀려올 것만 같았지만 앞으로 수도 없이 내가 맞아야 할 밤이라 스스로를 다독였다.

'이런 게 여행이겠지.'라며 생애 처음으로, 집이 아닌 사람들이 오가는 곳에서 이내 잠이 들었고 그렇게 아침을 맞았다.

시끌시끌한 소리에 깨어 무작정 배낭을 메고 공항을 나섰다.

배낭여행자들이 그득한 태국에서 배낭여행을 시작한 이유는 없다.

어디선가 그곳은 '배낭여행자들의 천국'이라 들었기에 이끌리듯이 왔고, 배움의 길은 아니었으나 나는 이곳에 머무는 내내 나보다 능숙해 보이는 배낭여행자들에게 여행을 배웠다. 배우고 내세우고 경쟁하는 우물 같은 삶 속에 살았던 나를 끄집어냈다.

처음 며칠간은 마치 무엇이라도 잘못한 사람처럼 안절부절못하며 방콕 시내 곳곳을 뜨거운 땡볕 아래서 무지막지하게 돌아다녔다. 가만히 있으면 꼭 좀이 쑤시는 것 같아 좌불안석이었다.

"나 왜 여기서 이러고 있지?"
"이렇게 살아도 괜찮은 걸까?"

하루에도 수십 번, 수백 번씩 스스로에게 질문을 던졌다. 느지막이 일어나는 배낭여행자들 속에서 열 명 남짓이 생활하는 도미 토리에 적응하지 못해 잠도 설쳤고, 한국에서도 잘 가지 않는 푸세식 화장실을 오가며 '진짜 세상' 속에 던져진 걸 실감했다.

사람들이 말하는 싼 물가와 따뜻한 날씨, 시원한 맥주, 맛있는 음식이 가득한 이 천국에서 더 이상 일을 하지 않아도 되는 기쁨과 불안감은 매일 나의 마음을 저울질했지만, 하늘을 보며 살랑거리는 나뭇잎을 보며 웃고, 피부색부터 언어까지 다른 사람들과 알아듣지도 못하면서 서로 낄낄거리며 이야기하는 것도, 느지막한 아침을 혼자 식당에 앉아 밥을 먹는 것도, 흔들거리는 해먹에 누워 늘어지게 낮잠을 자는 것도, 광란의 밤이 시작되는 거리를 걸으며 한 손에는 맥주를 들고 있는 것도, 길을 걷다 지치면 나무 그늘 아래 누워 배낭을 베고 잘 수 있는 그런 소소한 여유들도 국적도 이름도 중요하지 않은 그곳에서 마주하며 보냈다. 그리고 나는 처음으로 내가 행복할 자격이 있는 사람이라는 것을 느꼈다.

"어쩌면 이 모든 것은 내가 처음부터 가졌어야 했던 것일지도 몰라. 이제부터 나는 진짜 인생을 사는 거야!"

¶

당신이 사랑하는 삶을 살아라. 당신이 사는 삶을 사랑하라.

- 밥 말리 -

#전 영어를 못하는데요 - 동남아 일주 중

"How are you?"

"Im fine thank you and you?"

그토록 싫어하던 영어 교과서에 나오는 바보 같은 문장들로 대답하는 외국인은 나뿐이었다. 영어 교과서에나 나올 법한 단어, 문장들도 제대로 구사하지 못해 외국인이 뭘 물어보기라도 하면 너무 긴장한 탓에 식은땀이 줄줄 흘러내렸다.

여행 중에 언어가 꼭 필요한 것은 아니라고 생각했지만 영어를 할 줄 안다면 내 여행은 분명 더 즐거워질 게 뻔하니, 나는 벙어리보다는 어린아이가 되는 쪽을 선택했다. 어쩌면 도전이었다.

나는 알아듣지도 못하는 영어로 말하는 사람들 틈에 섞여 연신 열심히 제스처를 해댔다. 리액션만큼은 부자였다. 실없이 웃는 내가 제일 많이 하는 말은 당연히 "YES"였다. 외국 친구들이 말하는 말을 이해하지 못해 부끄러운 순간들을 종종 마주했지만, 정말 고맙게도 잘 알아듣지도 못하면서 고개를 끄덕이는 동양 여자애에게 여행자들은 관대했다. 아직도 왜 그들이 그토록 관대했는지는 모르겠지만, 그 관대함에 나는 늘 감사를 표했다.

낯선 언어들을 나는 온몸으로 받아들였다. 절대적인 공부가 아니라 아이가 걸음마를 배우듯 하나하나 배워갔다. 아마 한국에 있었으면 이러한 것들은 배우지 못했으리라.

모국어가 아닌 영어에 편해져 갈 때쯤이 여행을 떠난 지 7개월째였다. 그 7개월간은 알아듣지 못해도 따라 하고 고개를 끄덕이고 그저 웃는 게 다였지만, 책이 아닌 세상에서 배우는 영어는 놀라운 속도로 내게로 다가왔다.

"영어를 못하는데 정말 괜찮을까요?"

여행을 떠나기 전 수도 없이 먼저 여행을 떠난 사람들에게 묻고 또 물었던 말들. 그리고 지금의 내게 같은 질문을 하는 수많은 사람들.

"괜찮아. 우리한테는 손가락과 발가락이 열 개씩이나 있어요!"

모국어가 아니기에 우리가 못하는 것은 당연하다고 말하고 싶다. 독일 사람들은 독일어를 쓰고 프랑스 사람들은 프랑스어를 쓰고 남미 사람들은 스페인어를 쓰듯 우리는 한국인이기 때문에 한국어를 쓰는 것이다. 때문에 너무 두려움을 갖지 않아도 된다. 나는 손가락과 발가락이 열 개인 것만 믿고 여행을 떠났지만 그렇게 일 년 가까이를 여행하면서도 내게 아무 일도 일어나지 않았다. 되려 지금은 능숙히 영어를 쓰곤 하니 일석이조인 셈이다.

혹시라도 두려움이 있다면, 두려워하지 마세요.
우린 다 할 수 있는 나이니까.

¶

나의 언어의 한계는 나의 세계의 한계를 의미한다.

– 비트겐슈타인 –

#정글 트레킹 - 태국 치앙마이

여행을 시작한 지 2주째, 지금 내가 여기 있는 자체만으로도 특별했지만, 조금 더 특별한 것을 하고 싶었던 어느 하루는, 치앙마이 인근 정글로 트레킹을 떠났다. 팀원은 총 열 명, 동양인 셋에 서양인 일곱이었다.

"한국인이세요?"

열 명 중 동양인으로 보였던 두 명이 말을 걸어왔다. 여행을 시작한 이래 만난 첫 한국 사람들이었다. 열정이 넘치는, 아직 순수함을 벗지 못한 풋사과 같은 대학생 두 명이었다.

자칫 외로울 뻔했던 1박 2일의 트레킹은 그들로 인해 조금 더 편안함을 느꼈다. 말 한마디 안 통하는 타지에서 같은 언어를 쓰는 사람을 만났다는 자체만으로도 충분히 다행이었다.

나무와 풀이 잔뜩 우거진 산을 오르는 것은, 덥고 습한 태국의 날씨에는 매우 지치는 일이었다. 정글답게 풀을 헤치며 어딘지 모르는 길을 걸어야 했다. 그 무리 사이에서 나는 '베이비 엘리펀트'로 불렸다. 1박 2일 내내 키가 제일 작은 나는 엄청난 속도로 뒤쳐졌지만 나를 제외한 아홉 명이 정말 감사하게도 늦은 나를 기다려주고 물을 나눠주며 열심히 챙겨주었다.

전깃불보다 더 밝은 달빛 아래, 타닥타닥 모닥불이 타들어갔다. 야자수 잎으로 만든 오두막 아래서 소소한 저녁 식사를 함께하며 각자 다른 언어로 여행 이야기를 이어나갔다.

이런 경험을 나는 언제 할 수 있을까 생각했다. 피부색도, 온도도, 언어도 다른 사람들끼리 모여 고요한 산속에서 도란도란 이야기하며 밤을 지새우는 것을 말이다. 상상할 수도 없었던 일들 속에 내가 있었단 사실에 매우 벅찬 밤이 지나갔다.

잘 겹쳐놓은 야자수 나뭇잎 사이로 빛이 새어 들어왔고 우리는 전부 부스스한 모습에 깔깔대며 아침을 맞이했다. 새소리가 가득한 아래, 우리는 약간의 커피와 파인애플로 대충 아침을 해결했다.

산을 내려오는 길은 언제 힘들었냐는 듯 비교적 순탄했고, 곳곳에 위치한 계곡이나 다이빙 장소를 발견하고는 약속이나 한 듯이 너도 나도 옷을 벗고 뛰어들었다. 그런 유럽 친구들 앞에서 나는 머뭇머뭇거렸지만 그들은 이내 얼른 뛰어들라며 손짓했다.

망설일 틈이 없었다. 지금 뛰어들지 못하면 이 순간은 다시 돌아오지 않으니까.

온몸에 한기가 돌며 더위가 싹 가셨다. 그렇게 우리는 아이들처럼 물장구를 치고 돌 미끄럼틀을 타고 다이빙을 하며 한낮을 보내고 다시 치앙마이로 돌아오는 트럭 안, 또다시 뜨거운 바람이 불었고, 우리들의 트레킹은 끝이 났다.

각자 여행의 안전을 바라며 손을 흔들며 헤어지는 길, 차가운 맥주 하나를 손에 들고 짐을 찾아 근처 호스텔로 돌아왔다. 노곤노곤한 기분에 테라스에 앉아 맥주를 마시며 앞으로의 여행도 이렇게 하나하나 더 잘해 나갈 수 있을 거라는 생각에 기분이 몽글몽글해진 채로 다시 혼자인 밤을 맞았다.

여행의 힘

여행에는 분명

현재의 삶을 긍정적이게 만드는 힘이 있다.

모든 순간이 좋았다고 말할 수는 없지만….

크고 작은 불평과 불만이 가득 했던 삶을

사소한 행복으로 채워나갈 수 있는

그런 힘이 있다.

#가난, 그것은 - 캄보디아 앙코르와트

"여기서 내려서 다리를 건너면 캄보디아야."

동남아 여행의 끝자락은 캄보디아로 마무리되고 있었다. 분단국가에서 자란 내게는 육로로 나라와 나라 사이를 오간다는 자체만으로도 신선한 경험이다. 베트남에서 캄보디아로 가기 위해 이제는 익숙해져 가는 장시간의 버스를 타고 국경에서 내려 북적북적거리는 검문소를 지나 시장통 같은 베트남과 캄보디아 사이에서 몇 시간을 보냈다. 그래도 나름 배낭여행 한 달 차라 큰 어려움 없이 나라를 가로지르는 다리를 건넜다. 캄보디아 국경을 넘고도 한참을 작은 벤을 타고 네다섯 시간을 달렸다.

캄보디아에 도착한 지 사흘 정도가 흘렀다. 앙코르와트를 보기 위해 왔지만, 아직까지 앙코르와트에 가지 않고 있다. 이제 곧 유럽으로 넘어가기 위한 재정비도 해야 하고, 처음으로 한국에서 한 달이나 떠나와 있는 터라 조금의 쉼도 필요했다. 수영장이 딸린 호스텔에서 정말 아무것도 하지 않은 채로 며칠을 보냈다.

때때로 멍하니 앉아있기도 하고 때때론 수다스럽게.

소박한 캄보디아는 특별히 신나는 일은 없었지만 길을 거닐 때마다 끊임없이 들려오는 아이들의 웃음소리에 나는 곧잘 슈퍼 앞을 지날 때마다 사탕을 잔뜩 사 주머니에 넣어두고 그 아이들에게 건네곤 했다. 아이들의 입이 귀에 걸리는 모습을 보면 그 일이 천 년의 역사를 보여주는 앙코르와트를 다녀온 일보다 더 재밌고 기다려지는 일이었다.

사실 그전까지 태국, 라오스, 베트남을 거쳐오며 '원 달러'를 외치며 나를 영혼 없는 눈동자로 응시하는 아이들이 많아 꽤 기분이 좋지 않은 터였다. 그러나 이곳의 아이들이 작은 것에도 깔깔거리며 연꽃이 가득 핀 호수 언저리에서 작은 나룻배를 장난감 삼아 노는 것을 보니 가난도 가난이지만 때묻지 않은 모습에 더욱 편안함을 느꼈다. 그래서 아무것도 하지 않아도 괜찮은, 소소한 날들을 보내게 되었을지도 모른다.

조금 아이러니할 수도 있겠지만 가난, 그것은 분명 행복의 척도가 되지 않는 것은 분명하다. 그렇기에 모든 것들이 더 끈끈하고 소중하여 아이들에게 그런 빛나는 웃음이 나오는 것일지도.

행복해질 자격 있잖아 우리는

떠나기 전의 내게 여행은 정말 꿈같은 일에 불과했다.
내게는 불가능했고, 할 수 없다고 생각했다.

마치 해가 들지 않는 우거진 숲속을 헤매는 사람처럼
어디로 가야 할지 몰라 방황하는 시간이 계속됐다.

여행을 하면서 내 숲에도 빛이 들기 시작했다
한두 줄기씩 새어 들어오는 빛을 따라 길을 찾기 시작했다.

오롯이 나를 위한 시간의 연속

어떠한 일이든 간절히 원하고 바라면 이루어진다고
불가능한 꿈이란 없다고 감히 말하고 싶다.

아주 조금만 더 용기를 내어
스스로를 위한 시간을 가져봐요.
우리는 행복해질 자격이 있으니까요.

#아아~ 형제의 나라 - 터키

유럽이란 대륙의 곳곳에서 테러가 일어난다고 떠들썩할 때 나는 유라시아의 경계에 있는 터키에 도착했다. 3월, 봄이 오고 있는 터키였지만 날이 꽤 추웠고, 생전 처음 마주하는 문화권은 낯설기 그지없었다.

이목구비가 뚜렷한 사람들, 각 곳의 모스크에서 시간마다 들려오는 코란 소리, 거리에 진동하는 케밥 냄새, 조금은 차가운 듯한 도시 분위기. 그게 터키에 관한 첫인상이었다.

나는 이곳에서 정식으로 세계 여행을 시작했다.

내게 첫 유럽 도시이자 고등어 케밥이 맛있는 이스탄불부터 테러가 나서 무너진 성벽을 걸어야 했던 침침했던 앙카라, 마치 우주의 어느 행성에 와있는 것 같았던 카파도키아, 눈이 쌓인 세상 같았던 파묵칼레, 작은 도시 콘야와 지중해 바다를 안았던 안탈리아와 페티예, 그리고 부르사까지. 약 한 달간의 여정이 이어졌다.

이슬람 국가라는 두려움도 잠시, 모든 게 처음인 내게 그들은 따뜻함으로 대해줬다. 터키가 내 세계 여행의 첫 나라였던 게 정말 다행이라고 생각할 만큼.

정말 감사하게도 터키는 한국전쟁 참전 국가로 한국인에 대한 좋은 감정을 갖고 있었고, 형제의 나라라는 인식이 있어 내가 "코리(코리아)"라고 하면 지나가다가도 내게 한 번 더 웃어주며, 마시던 차나 술, 음식들을 나눠주었다.

그중에 히치하이킹은 단연 으뜸이었다. 우스갯소리지만 아마 이때 터키 사람들이 나를 너무 잘 태워줘서 그 재미에 유럽을 히치하이킹으로 여행하게 되었다고 해도 과언이 아니다.

과하지만 결코 기분 나쁘지 않았던 친절들이 터키에 오래 머물게 한 듯하다. 물론 가끔 피곤함이 몰려올 때면 이러한 친절 또한 부담스럽고 대하기 힘들 정도였지만, 대부분은 그들의 따뜻한 친절이 고마웠고 여행이 사람으로 인해 더 풍성했다.

이래서 첫사랑의 기억은 쉽사리 지워지지 않는다고 하는 걸까?

내가 이런 여행을 할 수 있게 만들어준 터키를 꼭 한 번 다시 만날 수 있기를 바라.

이 집은 너를 위한 집이야 - 티키 콘야

"나 오늘부터 폴란드로 여행가거든."

"네가 지내고 싶은 만큼 지내. 너의 집이라고 생각해도 좋아."

호스트 오마르는 내게 열쇠를 던져주고는 쿨하게 여행을 떠났다. 나는 이게 대체 무슨 상황인가 어리둥절하면서도 쉴 수 있겠다는 약간의 안도감이 생겼다. 한낱 세계를 떠도는 여행자일 뿐인 내게 집 키를 주고 가버린 호스트에 대한 의문이 들었지만 그때부터 콘야에서의 휴식이 시작됐다.

사실, 카우치 서핑이나 히치하이킹을 하는 건 엄청난 감정과 체력의 소모가 동반된다. 일단 영어를 하나도 못하는 내가 카우치 서핑을 하면서 낮에는 종일 길거리를 누비고 밤에는 호스트의 말에 엄청난 집중을 하며 피곤함을 뒤로하고 대화를 나누어야 하는 의무감이 있었고, 히치하이킹 또한 이 차가 나를 잘 태워가고 있는지 지도를 수시로 확인하고 어떠한 일이 닥칠지 몰라 늘 긴장해야 했기 때문에 조금 지쳐 있었다. 마침 쉬고 싶다고 생각했는데 이런 행운이 라니.

그렇게 집주인 없는 집에서 삼 일 동안 여행이라기보단 간단한 일상으로 지냈다. 늦잠도 실컷 자고, 산책을 다녀오면 밥을 차려 먹으며 매일이 일요일의 연속이었다. 그렇게 간만의휴식이 끝나고 호스트가 돌아오던 날 집 앞 마트에서 여러 가지 야채들을 사 비빔밥을 만들었다. 그의 배려에 대한 감사였다. 비빔밥 맛은 제대로 나진 않았지만 그는 한국 음식을 정말 좋아한다며 기쁘게 먹었다. 그는 정말 좋은 사람이었다.

"내게 이런 친절을 베풀어 준 걸 나도 언젠가 다른 사람에게 친절로 갚을게."

"네가 잘 여행하면 돼, 나도 언젠가 그렇게 여행을 떠나고 싶어."

¶

여행을 떠날 각오가 되어있는 자만이

자기를 묶고 있는 속박에서 벗어나리라.

- 헤르만 헤세 -

#여행자를 초대한 이민자 - 불가리아

한국을 떠난 지 두 달밖에 안된 것 같은데 나는 벌써부터 맵싸한 한식이 그립다. 동남아와 터키를 여행하면서 코끝을 자극하는 향신료 냄새에 완전히 패해 맛있는 걸 먹고 싶다는 욕구가 솟구쳤다.

"불가리아 소피아에 분식집을 오픈합니다"

'어차피 다음 나라는 불가리아잖아!'
이 생각을 한 게 이즈미르 즈음이니, 불가리아 소피아까지 히치하이킹을 해서 가려면 넉넉잡아 3일은 걸릴 터였다. 그래도 가야만 한다.

나는 지금 한식이 그립다.

게시물의 주인에게 메시지를 보냈다.
"안녕하세요, 세계 여행자 이꽃송이라고 합니다. 소피아에 분식

집을 오픈하신다고 들었어요. 한식이 너무 그리워서 그런데 오픈일을 알려주시면 때맞춰 찾아가겠습니다."

답장이 오자마자 나는 대략적인 날짜 계산을 하고 바로 불가리아로 출발해서 정확히 3일 만에 소피아에 도착했다.

"오픈이 조금 미뤄졌는데 어쩌죠. 우리 집으로 와요, 같이 삼겹살 먹어요."

어색하게 집안으로 들어섰다. 삼겹살이 구워지고 있는 상에 둘러앉아 있는 사람들을 보니 다 여행자들이었다.

치~익!

삼겹살이 구워지는 소리는 언제나 즐겁다.

배고픈 여행자들을 항상 집으로 초대하신다는 헬레나 언니와 형부는 이렇게 늘 나누어 주신다며 그 자리에 앉은 여행자들이 말한다. 우리는 하나같이 삼겹살이 구워지는 걸 보며 입꼬리가 씰룩거린다.

상추에 삼겹살을 얹어 마늘에 쌈장을 푹 찍어 입에 넣었다. 삼겹살을 먹으면서 이렇게 감동적인 순간이 언제였던가!

나는 연신 "진짜 맛있어요! 정말 감사합니다."라고 고개를 숙였다.

소피아에서 지내는 3일 동안, 그때 그곳에 있었던 여행자들과 대부

분의 시간을 보냈다. 낯선 타지에 정착하게 된 이야기부터 여행자들을 초대하게 된 사연, 다녀간 보아왔던 수많은 여행자의 이야기까지 이제 막 세상 밖으로 나온 내게는 모든 게 신선한 이야기들이었다.

첫 번째 만남에서 헤어지던 날,

형부는 나를 세르비아로 가는 고속도로 어귀에 내려줬고, 언니는 눈물이 날 것 같다며 울먹거리셨다. 나 또한 외국에서는 한국 사람이 더 무섭다던데 그러지 않아서 감사하다며 눈물을 꾹 참고 손을 흔들며 고속도로 안으로 들어갔다.

"아휴, 기지배야~ 조심해. 히치하이킹할 때!"

언니는 돌아서서 가는 내 뒤로 크게 소리쳤다.

이후로 나는 여행 중에 불가리아에 두 번이나 더 찾아가 가족에 대한 그리움을 언니에게서 달랬다. 늘 따뜻하게 맞아주는 언니와 형부 덕에 유럽에 가면 또 들르고 싶을 정도로 정이 넘치는 곳이며, 따뜻한 가족 품과 같은 이곳만의 한결같음이 좋다. 언니도 종종 내게 잘 살아있냐며 안부 인사를 주신다. 그리고 돌아오라고도.

여행은 곧 사람이라는 말이 있다. 외로운 여행이라는 길 속에서도 이 세상에는 혼자가 아니라는 생각을 들게 해주는, 내게 한없는 사랑들을 베풀어 주는 낯선 사람들에게 나는 어떤 식으로 보답 해야 할지 아직도 감이 오지 않는다. 하지만 그들로 인해 나 또한 다른 사람들에게 베풀어야 한다는 마음이 그득하다.

어떤 식으로든 보답하며 살리라. 그게 세상을 향한 보답일 테니.

#꿈꾸던 곳에 내가 있다 - 헝가리 부다페스트

사진에 반해 여행을 꿈꾸는 곳이 누구나 하나쯤은 있지 않은가? 부다페스트는 내게 그런 곳이다. 잘 기억은 나지 않지만 온통 금빛으로 빛나는 도시의 사진을 보고 '저 곳에 꼭 가고 싶어'라며 다짐했던.

그렇게 꿈꾸던 곳에 내가 있다.

"우와~"

이 정도일 줄은 예상 못했는데 생각보다 더 번쩍번쩍한 도시가 눈앞에 펼쳐졌다. 웅장한 건물 크기에 조명들이 고풍스러움을 더해주는 이곳이 바로 부다페스트다.

사실 카우치 서핑 호스트를 구하지 못해 길에서 잘 작정으로 왔는데 어떤 행운이 또 내게 온 건지 나를 태워준 청년들이 에어비앤비에 방이 하나 남는다며 자고 가라고 호의를 베풀어주었다.

참, 감사할 일의 연속이다.

다음 날 아침 갈 곳을 정하지 못한 채 배낭만 메고 나와 부다페스트의 봄을 쉴새 없이 걸었다. 잔디밭에 앉아 피자와 함께 맥주를 마시는 이곳 사람들을 보고 나서야 낯선 곳에 배낭을 내려놓고 내 얼굴만 한 2유로짜리 피자 한 조각과 맥주 한 병을 사서 잔디밭에 앉았다.

햇살에 흐르는 도나우강이 반짝인다. 봄바람이 살랑이고 자근자근 사람들이 지나다니는 소리가 들린다.

'정말 내가 지금 여기에 있구나!'

피자를 한 입 베어 물고 시원하게 맥주를 들이켰다. 구름 위에 앉아 있는 기분이다. 나는 이런 유럽 사람들의 여유를 정말 사랑한다.

하늘이 발개질 때쯤 슬렁슬렁 걸어 부다페스트 전경이 한눈에 내려다 보이는 부다성에 올랐다.

"와아~"

가슴이 탁 트였다. 어둠이 밀려오자 부다페스트 시내가 노란색 불빛으로 물들기 시작했고, 이내 시내 전체가 반짝반짝거리기 시작했다. 황금 도시가 눈앞에 펼쳐졌다. 서른한 살 인생에 이렇게 멋진 야경은 처음이었다.

내가 이 자리에 서서 이 엄청난 야경을 마주할 줄 꿈에도 몰랐었는데 말이지.

매일이 설레는 것도 벅찬데, 이렇게 낭만적인 도시에 내가 지금 존재하고 있다는 것만으로도 이미 나는, 어떻게 그리 갑갑한 세상에서 살아왔는지 의문이 들 정도로 이러한 생활에 대단히 만족스럽게 여행, 아니 삶을 살아가는 중이다.

단지 살아가는 것만으로는 부족해. 누군가는 햇빛, 자유,

그리고 약간의 꽃 정도는 가지고 있어야 해.

- 한스 크리스티안 안데르센 -

꿈

꿈을 꾸면
간절히 이루어진다고 하잖아요.
지금이 그 때가 아닐까
생각해요.

우리가 잊지 말아야 할 - 폴란드 아우슈비츠

폴란드에 간 목적은 단 한가지였다. 전 세계의 수많은 학살 사건 중 내가 관심을 많이 가졌던 '아우슈비츠'에 가기 위해서였다. 다른 관점에서 보면 우리나라도 비슷한 일을 겪었고, 그 사건을 재조명하는 방법이 달랐다고 생각하기 때문에 꼭 방문하고 싶어 일부러 폴란드를 왔다. 맑은 날은 아니었지만 나는 아우슈비츠만큼은 우중충하거나 비가 서글프게 내리는 날 가고 싶었다. 그리고 내가 방문한 그 날은 비가 서글프지만 강하게 내리는 그런 날이었다.

추적추적 내리다 못해 쏟아지는 비를 맞으며 아우슈비츠 입구에 섰다. 싸늘한 기운이 맴도는 곳에는 죽어간 이들의 수많은 가족들, 또는 이곳을 잊지 않고자 나처럼 찾아온 이들이 많았다.

을씨년스러운 분위기가 감도는 아우슈비츠를 걷는 내내 우리나라의 위안부에 대한 생각을 정말 많이 했다. 감추기에만 급급했던 일들을 폴란드는 이렇게 기억해야 할 장소로 만들어 추모하고, 당당히 드러낸 것에 나는 매우 놀랐다.

가스실로 사용되었던 방, 그들이 매일을 걸었을 철조망으로 둘러싸인 길, 그들이 신었던 신발이나 가방 등을 모아놓은 진시실, 총살을 당했던 통곡의 벽, 그들이 운반되어 왔던 기찻길을 둘러보며 우리나라의 역사는 아니지만 괜스레 숙연해진 걸음으로 그 장소를 둘러보았다. 추모의 의미로 곳곳에 놓인 장미꽃들과 촛불, 가족으로 또는 이 역사로 인해 흐느끼는 사람들을 보면서 살면서 이런 장소에서 그런 분위기를 몇 번이나 느낄까 싶었다.

아우슈비츠를 다 보고 돌아 나오는 길, 수많은 생각이 스쳤다. 우리도 비슷한 역사를 가지고 있는데, 우리 또한 이 역사적 사실을 더 드러내어 희생된 사람들을 추모하고 세계적으로 공론화시켰다면 어땠을까 싶은 생각이 머릿속에 맴돌았다.

역사를 그리 좋아하지는 않지만 여행하면서 세계적인 역사를 마주할 수 있는 일은, 안일하게 살아왔던 내 삶에 때때로 커다란 파도를 일으킨다.

¶

여행은 경치를 보는 것 이상이다.

여행은 깊고 변함없이 흘러가는 생활에 대한 생각의 변화이다.

- 미리엄 브래드 -

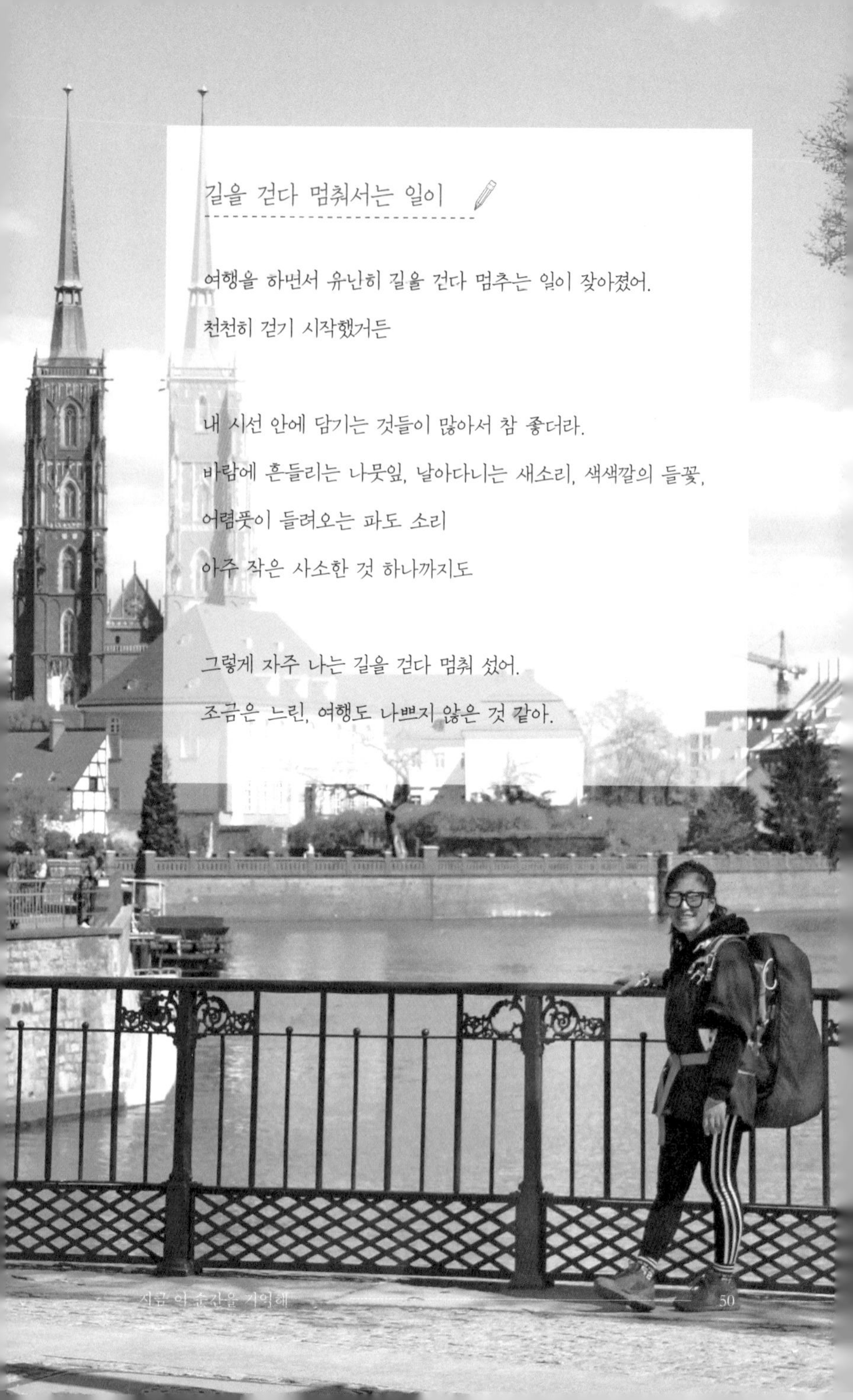

길을 걷다 멈춰서는 일이

여행을 하면서 유난히 길을 걷다 멈추는 일이 잦아졌어.
천천히 걷기 시작했거든

내 시선 안에 담기는 것들이 많아서 참 좋더라.
바람에 흔들리는 나뭇잎, 날아다니는 새소리, 색색깔의 들꽃,
어렴풋이 들려오는 파도 소리
아주 작은 사소한 것 하나까지도

그렇게 자주 나는 길을 걷다 멈춰 섰어.
조금은 느린, 여행도 나쁘지 않은 것 같아.

공항 노숙 - 독일 베를린

커다란 도시, 차가운 느낌의 베를린에 카우치 서핑을 구하지 못한 채로 도착했을 때, 유럽 여행은 카우치 서핑이 아니면 노숙을 하겠다는 스스로와의 약속을 깰 수 없어 배낭을 멘 채로 베를린을 활보했고, 밤이 되면 버스를 타고 공항으로 돌아갔다.

"굿모닝!"
"쉿! 여기 사람이 자고 있어."
잠자리는 꽤 불편했지만 아침부터 나는 침낭 속에서 꾸물거리며 웃음을 지었다.

숙박할 곳을 구하지 못한 나는 공항을 숙소 삼아 지냈는데, 아침마다 공항 직원들은 행여나 침낭에 파묻힌 내가 깰까 엄청나게 작은 소리로 아침 인사를 하며 출근하는 모습에 매일 아침이 감동이었다.

아침이 되면 한적한 공원으로 나가 가방에 넣어 둔 식빵을 꺼내

딸기잼을 발라 대충 끼니를 때우고, 체크포인트를 기점으로 통일의 벽을 따라 걸었으며 벚꽃 잎이 떨어지는 나무 밑에 기대 앉아 지나다니는 사람들을 구경했다.

여행 초반이라 그런지, 이런 노숙 생활도 꽤 할만하군.

적어도 공항 안은 따뜻하고 안전하다고 생각했기 때문에 아무 문제가 없었다. 아침마다 그들의 작은 목소리의 배려 또한 충분히 감동이었기 때문에 무거운 배낭을 진 채로 베를린을 걸어도 이 봄이 차갑지 않았다.

어쩌면 여행이라는 것은 내가 살아보지 않은 삶을 살아보라고 신이 내게 주신(내가 신을 믿진 않지만) 시간이라는 생각이 든다. 그런 결정을 하지 않았더라면 공원에서 먹는 감자 칩이 얼마나 맛있는지, 몸이라도 하나 뉠 수 있다는 것이 얼마나 다행인지 알 수 없기 때문에 갖가지 경험을 통해 내가 성장할 수 있는 발판을 마련해 준 것이리라.

그 해 봄, 베를린은 따뜻했다.

1UP
THEOE
THEOE

¶

여행은 목적지로 향하는 과정이지만, 그 자체로 보상이다.

- 스티브 잡스 -

잊지마

여행은 단순히 시간이나 돈으로 논할 수 있는 것은 아니야.

단지 내가 떠날 수 있는 용기를 내었다는 것과 그리하여 떠나 걷는 그 길이

얼마나 스스로를 위한 시간이었는지

어떠한 경험과 도전이 내게 왔었는지,

그리고 아련한 추억이 될 경험들의 합이

내가 살아가면서 문득 떠올라 웃음지을 수 있는 것이 되고

때때로 살아가는 것에 묵직한 밑거름이 될 테니.

저를 태워주세요 - 히치하이킹

"내가 그곳으로 가니까, 어서 타!"

이방인인 나를 그들은 본인의 차에 태웠다.

하얀 종이 위에 목적지를 쓰고는 행여나 안 보일까 손을 높이 들어 수백 대의 차가 지나다니는 길목에 섰다. 청춘이라면 꼭 한 번 이런 여행을 해보고 싶은 욕심이 컸고, 이런 여행이라면 오직 지금뿐일 거라는 생각이 들어 난 그렇게 늘 히치하이킹을 하며 여행하고 그 안에서 살았다.

처음엔 부끄럽고 기다림이 지루했던 이 일은 여행을 하면 할수록 재미도 붙고 성취감도 늘었다. 교통비를 아낀다는 목적에서 길에서 주운 박스 위에 목적지를 적어 날 태워줄 사람들을 향해 들고 한껏 이를 드러내며 웃음을 지어 보였다. 로컬들과 함께 도로 위를 달린다는 건 때때로 위험한 일도 감수할 만큼 내가 하는 여행의 또 다른 즐거움이었고, 버스나 비행기를 타고 움직이는 것보다 조금 더 특별한 경험이었다. 거기서는 흔히 볼 수 없는 더 많은 풍경들을 만났다. 그리고 또 그 마지막엔 사람이 있었다.

영어를 쓰지 않는 이상 대부분 모국어를 쓰느라 번역기로 하는 대화가 주를 이뤘지만, 운전자 대부분은 행여 길 위에 서 있던 내가 배고플까 봐, 내가 텐트에서 잘까 봐 걱정스러워 하는 사람들이 대부분이라 본인의 점심을 나누어 주거나 밥을 함께 먹거나 날 위해 과일을 사거나 때때로 나를 집에 초대하기도 했다. 나는 그런 그들을 위해 쏟아지는 졸음을 참으며 노래를 부르고, 운전자가 지루하지 않게 쉴새 없이 말을 하며 함께 도로를 달렸다.

내가 이러한 여행을 선택한 것은 참 행운이었다.

유럽과 중남미, 그리고 미국까지 짧게는 하루에서 길게는 두세 달 내내 걷고, 히치하이킹을 하며 세상을 누볐다. 히치하이킹에 실패해 몇십 킬로미터를 걸어가기도 하고, 결국 날이 저물어 길에서 자거나 목적지까지 가지 못해 운전자의 집에서 머문 적도 많았다. 계획한 것은 아니었으나 세상엔 내가 죽을 수 있는 일보다 살아가고 싶은 이유인 일들이 더 많다는 것을 알게 되고, 기다릴 줄 알게 되었다는 것은 그 어떤 여행에서도 느낄 수 없던 것들이어서 더 행복했다.

고생스러웠지만 다시 그리 떠난다 하더라도 나는 같은 길을 택할 것이다.

¶

여행을 마치고 돌아와서 곤란한 점은

다시는 그와 같은 경험을 절대 할 수 없다는 것이다.

- 마이크 폴린 -

인정이라는 것을 하기 시작할 때

난 사실, 아주 자존심이 센 사람이었어요.
그래서 못하는 게 있어도 절대 내보이지 않고 다 잘하는 척, 다 해낼 수 있는 척, 혼자만 고귀하고 똑똑한 척, 척이란 척은 다하는 척순이었거든요.

그렇게 자신감이 아닌 자존심이 강한 사람이 되다 보니 때로는 물밀듯이 밀려들어오는 외로움에 몸서리치게 마음이 힘든 날도 때로 있었어요. 그런 내가 이렇게 세상을 누비면서 나와는 다른 수많은 사람들을 만나고 수많은 일들을 겪어가면서 이제는 내가 못하는 것에 대해서는 빠른 인정을 하고 내가 잘하고 잘할 수 있는 일들을 스스로 찾아내는 그런 자신감이 생겼고, 더 이상 삶의 목표에 아등바등하지 않아도 되어 전보다 마음이 더 편안하고 행복해요.

스스로를 인정하는 것, 온전히 나로서의 삶을 사는 첫걸음이 아닐까요?

#괜찮다면 널 우리 집에 초대할게 - 독일 자야

독일의 끝에서 독일 중심부로 가는 어느 길목이었다. 독일은 아우토반이 있어 속도 제한이 없는 도로가 있는데, 빠른 속도로 달리는 차들이 나를 보지 못한 건지 몇 시간째 나는 고속도로 위에 서서 애를 태웠다.

삐용삐용~
'이번엔 뭐라고 둘러대지-'

"여기서 히치하이킹 하면 안 돼, 벌금 있어."
"몰랐어요, 죄송합니다."

고속도로 위를 걷는 건 불법이라 경찰차를 타고 몇 번을 외곽 도로로 끌려나갔다. 너무 시골길이라 히치하이킹으로 이동해야 하는 나는 고속도로가 희망이었기 때문에 다시금 걸어 고속도로에 섰다. 한 다섯 번째쯤 경찰차를 탔을 때 경찰은 한 번만 더 걸리면 경찰서로 가야 한다고 으름장을 놨다. 그 말을 듣고도 한적한 외곽 도로를 걷고 있을 때 즈음 아이들과 개 두 마리를 태운 차가 앞에 섰다.

"어디 가니?"

"라이프치히요."

"타!"

그때 톰 아저씨를 만났다.

그 근처에 살고 있던 톰 아저씨는 배낭을 메고 걷는 나를 보며 젊었을 때 여행 다니던 자신이 생각나서 차를 세웠다고, 흔쾌히 타라고 손짓했다.

나는 그때 막 영어 말문이 트이고 있을 때였고, 아저씨 역시 약간의 영어만 할 줄 아는 독일인이어서 우리의 대화는 엄청 수월했다. 내가 카우치 서핑과 히치하이킹으로 여행을 다닌다고 하자 톰 아저씨는 갑자기 초대를 제안했다

"우리 집에 가자!"

길에서 만난 낯선 이의 초대, 가도 되는지 안 되는지에 관해서는 생각해본 적이 없었다. 나를 태워주려고 차를 세운 사실과 개 두 마리, 두 명의 아이는 충분히 내 고개를 끄덕이게 만들었다.

몇 가구 안 되는 아주 작은 시골 마을, 삼각 지붕을 하고 있는 동화 속에서나 마주할 법한 하얀 전원주택. 헨젤과 그레텔의 집처럼 아기자기한 곳, 바로 톰 아저씨네 집이다.

"Hi"

어색하게 웃으며 배낭을 메고 쭈뼛쭈뼛 들어서는 나를 가족들은 열렬히 환영했다. 이층 계단을 올라 톰 아저씨는 해가 들어오는 커다란 창이 있는 아늑한 방을 내주고는 냉장고 문을 열어 보이며 "네 집이라고 생각하고 맘껏 먹어!"라며 웃었다.

'이런 게 여행일까?'

이제 고작 3개월 정도 여행했을 뿐인데, 길 위엔 왜 이렇게 좋은 사람들이 많은지…. '세상엔 정말 좋은 사람들이 많구나!'라고 생각했다. 자전거를 타고 노란 유채꽃이 가득한 논길을 달리며 자유를 만끽하던, 오가는 마을 사람들과 함께 요리를 해먹던, 와인창고에서 와인을 가득 꺼내 마시던, 고요하고 어두운 논밭 길을 걸으며 내 생애 가장 많은 별을 보았던 독일의 어느 시골마을의 기억이다.

이후로도 난 종종 길 위에 남겨질 뻔한 상황에서 여러 번의 초대를 받았고 거절한 적 거의 없이 늘 초대에 응했다. 그 나라 사람들은 어떻게 살아가는지, 그리고 얼마나 세상은 아직도 따뜻한지 알 수 있는 순간들이기 때문이다.

¶

인생은 짧고, 세상은 넓다.

그러므로 세상 탐험은 빨리 시작하는 것이 좋다.

- 사이먼 레이븐 -

지금 이 순간을 기억해

처음 여행을 떠났을 때 난 모든 게 즐거웠어.

길 위에 서서 한참을 걸어도 좋았고, 히치하이킹을 하는 것도

어두컴컴한 들판에 텐트를 치고 자는 것도, 아무것도 없이 침낭 하나 덮고

해변에서 자는 것도, 천 원 이천 원을 가지고 흥정하는 것도

아무것도 모르는 곳에 혼자 떨어지고 무서운 상황이 오는 것조차

별이 쏟아지는 들판이어서 좋았고, 새로운 사람들을 만나서 좋았고

입이 떡 벌어지는 풍경을 곁에 둬서 좋았거든.

모든 게 낯설고 새로워서 사랑을 시작한 사춘기 소녀처럼 호들갑이었고

볼이 빨개지도록 늘 설레었어.

누군가 내게 다시 그러한 여행을 할 수 있겠느냐고 묻는다면 어쩌면 나는

한 번 정도는 망설이거나 생각할지도 몰라.

그렇게 할 수 있었던 건, 그때, 그 순간이었기 때문이야.

우리는 때때로 순간의 소중함을 놓치면서 살아가.

나 또한 그런 삶을 살았고, 그리 살았던 시간들은 인생의 허무한 시간이었던

것처럼 기억이 잘 나질 않는 걸.

나는 지금 이 순간을 위해 살 거야.

그게 지금 내가 꾸는 꿈이야.

순간을 살아라. 세상 모든 일은 불분명하기 때문이다.

- 루이스톰리슨 -

별이 보이는 다락방과 마구간 - 슬로베니아

슬로베니아의 어느 시골 마을, 온 세상의 경험이란 경험을 다 하고 싶은 나는 카우치 서핑을 잠시 멈추고 보리스와 말 여섯 마리가 지내고 있는 농장에서 지내기로 했다. 바로 워크어웨이라는 프로그램을 통해서. (*유럽 내에는 카우치 서핑 말고도 워크어웨이라는 플랫폼이 있는데, 카우치 서핑이 문화 교류를 위해 초대되는 것이라면 워크어웨이는 호스트에게 필요한 인력을 제공하고 숙식을 제공받는 프로그램이다.)

매일 아침, 마구간을 열어 말들을 들판으로 데리고 나온 후 분비물로 가득한 마구간을 치우는 것부터 농장에서의 하루가 열린다. 특별할 것은 없지만 모든 것이 특별한 농장에서의 소소한 생활이 꽤 마음에 들어 오래 머물렀다. 들꽃이 살랑살랑거리는 들판에서는 말들이 달리고, 작은 텃밭에서는 채소들이 자랐으며 파티라도 있는 날에는 무릎까지 오는 들꽃들을 한 아름 꺾어다 테이블을 꾸미고 손님을 맞이했다.

일은 조금 고되었지만 아침 일찍 풀들 사이로 바람이 지나가는 소리가 들리고 아침마다 햇살이 쏟아져 들어오는 작은 창문이 난 다락방의 통나무 침대 위에서 하루를 시작하는 것이 이 농장 생활을 잘 즐길 수 있게 하는 활력소였다.

농장에 있는 동안에는 수많은 일들이 내게 찾아왔다. 체험 학습으로 온 아이들에게 피자를 만들어주고 사과로 와인을 담가 시음회를 열었으며 볕이 좋은 나무 밑에 빨래를 널기도 했다. 말에게 끌려간 이후로 말을 무서워했지만 농장 주인 보리스는 그런 날 위해 말과는 교감이 중요하다며 승마를 알려주기도 했다.

단조로우면서 평화로운 날들이 빠르게 흘러갔다. 작은 텃밭에 심은 채소에 싹이 났고, 자주 오는 단골 손님들과 사과 와인을 마시는 일이 잦아지며 농장 생활에 익숙해질 때쯤이면 언제나 이별은 다가온다.

보리스는 웃으며 나를 안아주었지만 얼굴까지 새빨개져 내게 손을 흔들었고, 나 또한 눈물이 그렁그렁 맺혀 얼른 뒤돌아서 손을 흔들었다. 살면서 유럽의 농장에서 지낼 확률이 얼마나 될까 싶어 신청했던 이곳에서의 생활은 내 여행 한 페이지의 경험의 기록으로 남을 것이다.

¶

여행은 120점을 주어도 아깝지 않은 곳을 찾아내는 일이며,

언젠가 그곳을 꼭 한 번만이라도

다시 밟을 수 있으리란 기대를 키우는 일이며,

만에 하나 그렇게 되지 못한다 해도

그때 그 기억만으로 눈이 매워지는 일이다.

– 이병률 산문집 '끌림' (달, 2017) 중에서 –

#늘 맑음, 아니 가끔은 비 오는 날 - 크로아티아 플리트 비체

"쏴아아아아~"

무지막지하게 폭우가 쏟아졌다.

요정이 산다는 곳, 에메랄드 빛 호수가 겹겹이 산을 이루고 있는 플리트 비체 안이다. 에메랄드빛 호수에 비가 내렸고, 크고 작은 폭포들은 그 소리를 더했다. 산책로까지 물이 넘쳐 발목까지 물이 차 올랐지만 그런 영롱한 물 색깔은 여태 본 적이 없었다. 조용한 플리트 비체 숲 안에 빗소리가 가득해져 마음까지 시원해지는 기분이 들었다.

이런 비를 온몸으로 맞아본 게 참 오랜만의 일이다.

"생각보다 좋은데?"

머리카락을 타고 빗물이 흘러내려 흠뻑 젖었지만, 대체 언제부터 긍정 에너지가 찾아온 건지 나는 연신 신이 난 발걸음으로 돌아다녔다. 플리트 비체에서 이리 흠뻑 젖어보는 것도 여행의 일부이리라.

세 시간을 내리 쏟아지고 나서야 비는 멈췄다. 싸늘했던 몸에 온기가 돌았고 사람들은 환호했다.

예전에는 날씨가 내 여행을 좌지우지한다고 생각해 비가 오면 아무 곳에도 가지 못한다고 여겨 괜히 지루해지는 듯한 하루에 하늘을 원망했다.

여행이 생각보다 길어지면서 하늘이 맑을 때 보지 못했던 것들을 보기 위해서 가끔 비가 내리는 길을 우산 없이 걷거나 빗소리를 들으며 늘어지게 늦잠을 자거나 이불에 파묻혀 게으른 하루를 보내기도 한다. 비가 내리는 창문 아래서 떨어지는 빗방울을 보며 따끈한 차 한 잔에 비를 즐긴다.

¶

나는 어디론가 가기 위해서가 아니라 떠나기 위해 여행한다.
나는 여행 그 자체를 목적으로 여행한다.
가장 큰 일은 움직이는 것이다.
- 로버트 루이스 스티븐슨 -

어느 해변에서의 밤 - 크로아티아 해안 도로

히치하이킹으로 동유럽과 발칸반도를 3개월 이상 여행하면서 이 날처럼 느긋하고 싶은 날은 처음이었다. 이유는 잘 모르겠지만 아마 두브로브니크에서 카우치 서핑을 구하지 못해 시간 내에 가야 하는 목적지에 대한 부담감이 없어서였을 것이다.

크로아티아 동쪽은 유난히 차량 통행량이 없어 해변이 보이는 절벽의 찻길을 따라 여유를 잔뜩 부리며 걸었다. 너무 여유를 부렸는지 하루 종일 100km도 이동하지 못했다. 그리고 언제나 그렇듯 어둠은 빠르게 내리고 금새 해변을 붉게 물들이더니 이내 캄캄해졌다.

자정까지 두 시간 남짓, 이대로 이 깜깜한 길을 걷는 건 무리다 싶어 이리저리 몸이나 누일 곳이 있나 둘러보니 어렴풋이 보이는 불빛이 새어 나오는 해변을 따라 지어진 깔끔한 리조트 앞의 조용한 몽돌 해변이 눈이 띄었다. 아주 늦어버린 저녁 식사는 근처 구멍가게에서 산 1유로짜리 감자 칩과 맥주 한 캔. 경비원들의 눈을 피해 서둘러 해변으로 내려가 가로등이 없는 작은 소나무 밑의 선베드에 자리를 잡았다. 몇 번 방인지 모를 리조트의 객실에서 새어 나오는 희미한 불빛에 의지해 밤바다의 끈적함과 함께 미지근한 맥주 한 캔과 감자 칩으로 허기진 배를 채우고 대충 침낭 안에 몸을 구겨 넣었다.

잔잔하게 밀려들어 오는 파도가 해변의 돌들을 밀어내 파도 소리와 돌이 부딪히는 소리가 밤새 들리는 로맨틱한 밤이었다. 바다의 습함이 끈적하긴 했지만 빵빵한 에어컨 밑의 침대보다 더 시원했고, 자기 전 듣는 음악보다 밀려드는 파도 소리가 더 감미로웠다.

텐트도 없이 침낭에 파묻혀 잠이 든 그 밤,
수많은 모기에 얼굴이 잔뜩 뜯긴 채로 아침을 맞았지만 나는 오래도록 이 밤을 잊지 못할 것이다.

¶

여행은 그대에게 세 가지 유익함을 준다.
첫째는 타향에 대한 지식
둘째는 고향에 대한 애착
셋째는 자신에 대한 발견이다.
- 오쇼 라즈니쉬 -

나는 여행으로부터 인생을 새로 사는 중이다

"너 웃는 거 참 예뻐, 정말 행복해 보인다."
"응! 나 행복해, 지금."

여행을 떠난 이후 수많은 사람들로부터 들었던 말이다. 아마 내가 살고 있던 한국, 아니 그 삶에선 듣기 힘든 말이어서일까, 지금 와서 생각해 보면 그때 한국에서 난 무슨 생각으로 그 삶을 버텨냈을까 하는 생각마저 들 정도니.

예전의 난 조금은 우유부단한 사람이었고, 남들의 시선으로부터 자유롭지 못한 사람이었다. 뭐든 잘해야 했고, 인정받고 싶은 마음이 커서 하루에도 몇 번씩 신경이 곤두섰다. 나로 사는 순간보다 나로 살지 못하는 순간이 더 많았다.

낯선 곳에서의 나는 진짜 나였다. 하고 싶은 것을 하는데도 내게 뭐라 하는 사람도 없고 꼭 해야 할 일도 없는.

아무것도 하지 않는 하루를 보내는 데도 이상하게 괜찮다.

여행을 시작한 후에야 비로소 나는 좋아하는 것과 싫어하는 것에 대한 표현이 명확해졌다. 남의 시선을 신경 쓸 시간조차 없을 정도로.

이 시간이 길어지면 길어질수록 스스로에게 더 솔직해지며 내가 할 수 없거나 못하는 것을 인정했고, 그런 것들에 대한 욕심을 버렸더니 마음도 가벼워졌다. 나를 위한 것임에 틀림이 없었다.

소유란 여태껏 내 마음을 무겁게 한 짐 같은 거였을까?
욕심이 나를 벼랑 끝으로 내몰았을까?

무미건조했던 내 감정들을 향해 진심을 다해 토해냈다. 모든 것이 온전히 나를 위한 시간이었다.

나는 변해가고 있다.

아마 이 모든 것들이 잘 웃지 않던 날 항상 웃게 만들었을 것이다. 창문을 비집고 들어오는 아침 햇살에도, 반짝거리는 바다를 보면서도, 바람에 흔들리는 나뭇잎 소리에도 사소한 어떠한 것들에도 나는 깔깔거리며 예쁘다고, 행복하다고 세상을 향해 외친다.

나는 여행으로부터 인생을 새로 사는 중이다.

#누디스트를 만나다 - 크로아티아 오프젠

'도망칠까?'

'누디스트 만나보고 싶어 했잖아!'

'위험하진 않을까?'

'괜찮을 거야. 이런 것도 그의 인생이잖아'

크로아티아의 작은 마을 오프젠에서 만났던 카우치 서핑 호스트인 T.

T의 집에 들어서자마자 나는 깜짝 놀랄 수밖에 없었다. 아주 밝은 한낮이었지만 어둑어둑했고, 그는 집에 들어오길 기다렸다는 듯이 옷을 훌렁 벗어 던졌다. 그의 프로필에도 없던, 단지 카우치 서핑 호스트였던 그는 말로만 듣던 '누디스트'였다.

그의 나체를 마주하고 꽤 길게 느껴졌던 약 몇 초간, 나는 무엇이든 빠르게 생각해내야 했다. 머릿속이 복잡하게 돌아갔다.

'이런 게 누디스트의 삶일까?'

일면식도 없는 사람의 올 누드를 보는 것을 누가 상상이나 했겠는가? 당황스러운 나는 차마 입이 떨어지지 않았지만 그를 어떻게든 이해하고 싶었다. 내게도 내 인생이 있듯 그에게도 그의 인생이 있을 거라고.

T는 실오라기 하나 걸치지 않은 채로 내게 "나 사실 누디스트야, 이건 내 인생이고, 너를 터치하거나 하는 일은 없을 거야. 걱정하지 마."라며 내가 놀라기도 전에 먼저 말을 꺼냈다.

나는 최대한 그가 기분이 상하지 않게 표정의 변화도 없이 손에 들고 있던 커피잔을 내려놓았다.

'그래. 다 경험이야~'

"네가 누디스트인 건 상관없어, 괜찮아. 그건 너의 삶이잖아. 난 너의 삶을 존중해."

그는 정말로 기뻐했다.

다른 호스트들과 달리 단지 T가 집 안에만 들어서면 옷을 훌렁훌렁 벗는다는 것 빼고는 매 순간 친절하고 똑똑해서 대화를 하거나 함께 밥을 먹는 것도 거부감이나 어색함도 없었다. 작은 과일들을 키우는 농장을 가거나 크로아티아의 비치를 놀러 다니며 3일 동안 정말 즐거운 시간을 보냈다.

누디스트-

내겐 너무나도 생소하고 익숙하지 않아 자칫하면 불쾌할 수 있는 상황들이 될 수도 있었지만 나와는 다른 삶을 사는 사람의 '인생'을 받아들였다. 되려 마음이 편안해졌다.

보스니아로 넘어가던 날, 멀지 않은 국경 근처까지 나를 배웅하며 T는 다른 게스트와 달리 너무 쿨하고 다른 모습에 고맙다며 내게 손을 흔들었다.

"다음에 또 놀러 와! 넌 나의 베스트 프렌드야."

¶

여행이란 우리가 사는 장소를 바꾸어 주는 것이 아니라

우리의 생각과 편견을 바꾸어 주는 것이다.

- 아나톨 프랑스 -

시선으로부터의 자유 - 크로아티아 어느 섬

여행을 하면서 우리나라 사람들은 참 남의 시선을 신경 쓰는 것에 굉장히 익숙하다는 것을 알 수 있다. 이미 그 시선들에 익숙해져 맞춰 살아가는 경우가 대부분이라는 아주 슬픈 현실도 말이다.

여름이 다가오던 그때, 바닷가에서 노후를 준비하던 이가 있었다.

나는 그의 집에서 일주일간을 머물렀는데, 한 번은 함께 집 앞 해변을 찾았다가 뱃살을 가리려 래시가드를 입은 내게

"너 미쳤어? 여긴 유럽이야!"라며 집으로 데려가 여동생 비키니를 던져주며 입으라고 소리쳤다.

해변에서 오 분도 안 걸리는 그의 집에서 나는 생애 처음으로 비키니를 입었고 비치타월을 팔에 걸친 채 해변으로 나섰다. 뱃살이 쑥스러워서 주변을 두리번거리며 배를 슬쩍 가렸지만 아무도 신경 쓰는 이는 없었다. 시선은 어쩌면 나 혼자만의 착각이었을지도.

"벗어던져 봐, 다른 건 신경 쓰지 말고."

¶

인생은 과감한 모험이던가 아니면 아무것도 아니다.

– 헬렌켈러 –

편견은 편견일 뿐인 걸 - 알바니아

동유럽의 동남아, 동유럽의 최대 빈민국.

알바니아를 칭하는 말이다.

대부분의 여행자들이 '볼 것이 없다'거나 '치안이 안 좋다'는 인식을 가지고 있어서 가지 않는 그런 나라.

보스니아를 여행하고 나는 여지없이 알바니아를 지나가야만 했는데, 정보가 거의 없어 나 또한 얼른 지나가야지 하고 생각했다. 그러나 치안이 안 좋다는 말이 무색하게도 사람들은 왜 이렇게 친절한지, 히치하이킹은 또 왜 이렇게 잘해주는 건지 내가 가지고 있던 편견이 새삼 부끄러웠다.

알바니아 동쪽 어느 작은 도시, 우여곡절 끝에 도착한 호스트 레투의 집에서 하루를 보내고 함께 프랑스인들의 비밀 휴양지로 캠핑을 떠났다.

굽이굽이 산길을 지나가는 길, 저 멀리 청명한 색깔의 바다가 보였고, 으리으리한 리조트들이 보였다. 알바니아에 이런 것들이 있을 것이라고는 상상도 못했었는데….

"알바니아에 이런 곳이 있는 줄 몰랐어!"

"나도 알아, 사람들은 우리나라가 그냥 가난한 나라라고 생각하거든."

우리는 조금 어두운 색의 모래사장을 지나 더 깊숙한 해변으로 들어갔다. 레투가 자주 캠핑하는 비밀 장소가 있나 보다. 사방이 돌로 싸인 아주 작은 해변에 자리를 잡더니 레투는 정말 능숙하게 여기저기서 나무를 주워 와 작은 오두막을 만들어냈다. 오두막의 천장은 나뭇잎으로 덮었고 작은 가지들로 불을 피웠다. 해가 지기 전까지 우리는 그 바다에서 한참을 수영하며 놀았다. 그곳에는 휴가를 온 것처럼 보이는 프랑스 여자들도 있었는데 머리만 내놓고 수영하는 게 참으로 우아해 보였다.

허기가 질 때쯤 나와 모래 위에 돌로 받침을 만들고 그 위에 냄비를 얹었다. 바닷물을 담아와 파스타를 넣어 끓이고 올리브 오일과 대충 투박하게 치즈를 썰어 넣었다. 각자 그릇에 옮겨 담고는 모래밭에 앉았다.

"캬~"

뜨겁게 내 목을 타고 흘러 내리는 병째 마시는 위스키도 오늘은 왠지 맛이 좋다. 알딸딸한 기분으로 모래 위에 아무렇게나 누웠다.

"레투, 나는 유럽 사람들의 이런 감성이 너무 부러워."
"부러워하지마! 너도 이미 하고 있잖아."

그의 말이 맞다. 여행을 하면서 조금씩이나마 나도 이러한 감성에 젖어 들고 있다. 후에 한국에 돌아간다 해도 이런 일들을 마음속에 잘 넣어두었다가 바다가 잘 보이는 어딘가에서 이리 하고 싶다고 생각했다.

새벽이 밝아올 때까지 여행 이야기와 함께하는 깔깔거림이 계속되었고, '이런 게 진짜 여행이구나, 난 정말 행복하구나!'라고 생각하다 푸르스름한 새벽녘이 되어서야 텐트에 몸을 구겨 넣었다.

여행을 시작한 지 오 개월 차, 스스로 수많은 편견을 깼다. 이제는 제법 초보 여행자 티를 벗으려는지 씻을 곳도 마땅치 않은 바닷가에서 보낸 밤이 꽤 좋다.

¶
수많은 경험은 억만금을 줘도 바꿀 수가 없다.
여행이 계속 되는 한, 나는 그 안에서 성장할 것이다.
- 이꽃송이 -

Today is my beautifulday! - 그리스 메테오라

그리스에서의 히치하이킹은 최악이었다. 사람들이 차갑다고 소문난 그리스라 그런지 아테네에서 빠져나올 때에도 몇 번을 실패해 하루에 20km씩을 걷고도 다시 호스트 집으로 돌아가야 할 때도 있었고, 바지를 벗고 운전하는 운전자가 창문을 내리고 타라고 한다든가 택시 기사들이 "sex Free!"라며 희롱했던 경우도 허다했다. 고속도로에서 경찰한테 엄청나게 혼난 뒤 경찰차를 타고 외곽 어귀에 내려 헤맨 적도 있었다. 하지만 딱 하루, 메테오라로 가는 길만큼은 이런 나쁜 기억들을 깡그리 다 잊을 만큼 좋았다.

"이리 와! 내가 태워줄게."

서성이는 내게 차가운 아이스라떼를 마시며 어서 타라고 내게 손짓한 빨간 차의 주인 닉.

닉이 영어를 통 못하는 통에 그리스 북부로 향하는 어색한 드라이브가 계속되었다. 운전을 하면서 자꾸 쳐다보는 닉의 시선에 불편해서 내릴까 하다가 번역기를 꺼내어 닉에게 이것저것 물어보며 어색한 시간을 풀어나갔다.

“난 여동생이 있어, 너를 보니 꼭 내 여동생 같다.”

닉은 아마 나를 보며 멀리 살아 자주 보지 못하는 여동생이 생각나는 듯했다. 꽤 오랜 시간을 달리는 동안, 닉은 정말 오래간만에 만난 오빠처럼 나를 대했다.

배고프지 않냐며 그리스에서 핫한 햄버거 집에 데려가 햄버거도 같이 먹고, 메테오라 근처 시티 구경도 하고, 커피 집에 앉아 커피도 마시며 오빠 동생처럼 시간을 보냈다. 비록 말이 통하지 않아 그저 실없이 눈만 마주치면 웃기만 했지만.

더운 날씨, 노상 카페에 앉아 시원하고 달달했던 커피를 마시며 닉이 말했다.

“Today is my beautifulday, thank you.”

순간 나는 눈물이 나올 뻔했다. 도움을 받은 건 나인데 되려 나에게 고맙다고 하는 사람이라니.

이런 게 따뜻함이구나, 이런 게 사람이구나!

"닉, 우리 또 만날 수 있는 날이 올까?"

"응, 그럼. 언제든지."

닉은 내게 웃어 보였다.

"See you on the road, over the rainbow."

우리가 다시 만나는 순간이 오기를 바라.

NIKE AIR

PART. 2

지금 이 순간을 사랑할 것

순간에 감사하고 지금을 즐기는 것
한 번뿐인 인생에 내가 할 수 있는
최고의 일이 아닐까?

아프리카의 시작 - 이집트 카이로

"빵빵~"

거리가 시끄럽다. 차선을 지키지도 않고 신호도 무시하며 모래바람을 날리며 팔차선 도로에 차가 꽉꽉 들어찼다.

사람과 땅이 건조한 이곳, 이집트다.

유럽과는 전혀 다른 분위기의 도시, 그리고 사람들.

여자들은 검은색 히잡으로 얼굴을 다 가렸고, 남자들은 대부분 흰색의 이슬람 옷을 입었는데 길을 지날 때마다 이집션들은 휘파람을 불거나 "코리아? 코리아?"라며 귀찮게 군다. 선물을 준다며 가게 안으로 데려가서는 돈을 요구하는 사기가 난무하다.

하! 모든 게 엉망진창인 나라인데 이상하게 정이 간다.

카이로의 호스트 아무르의 집은 뜨거운 시선이 느껴지는 난잡한 아파트였는데 사람 냄새가 가득하다. 우리는 하나뿐인 아주 커다란 침대의 중간에 이불을 돌돌 말아 선을 그어놓고 각자 침대 끝에서 잠을 청했다. 참 신기한 건 한국에서는 불가능한 것들이 외국에서는 가능한 일들이다.

매일 밤 그의 친구들이 찾아와 우리는 함께 낮보다 더 분주한 카이로의 밤거리를 걸었다. 낮에는 기온이 너무 높아서 그런지 길거리에 잘 보이지도 않던 사람들이 밤이 되면 갓난아이를 옆에 끼고 거리로 나와 더위가 물러간 밤을 즐겼다. 여기저기서 물담배(시샤)를 피우고 맥주 대신 과일 음료들을 먹었다. 물론 내 친구들은 어디선가 술을 구해와 술을 마셨지만.

그리고 마침내 혼란 속에서도 버킷 리스트의 한 항목이 지워졌다. 영화에서나 보던 피라미드와 스핑크스를 내 눈앞에 두고 나는 감격했다. 영화《미이라》속 장면들의 배경지가 바로 이곳이었다. 인류의 역사는 가히 대단해 옛날 사람들이 더 똑똑하다는 말은 사실이었고, 거대한 돌덩어리들을 어떻게 옮겨 그런 피라미드를 만들어냈는지 정말 의아하면서도 신비로워 무더운 날씨에도 몇 번이고 그곳을 찾아가 물끄러미 그것들을 보았다.

태양이 피라미드 정중앙에 떠 있다. 가슴이 뜨거운 순간이다.
또 다시 새로운 세상을 향해 간다.

#이곳이 천국이라면 좋겠어

– 이집트 다합

바닷속이 엄청난 도시, 이집트의 다합이다. 뒤로는 사막, 앞으로는 홍해를 가지고 있는 아주 작은 도시 다합과 사랑에 빠져 그곳에서 아프리카 여정의 반인 3개월을 지냈다.

이곳에 오기 전부터 다합의 80%를 차지하는 다이빙 숍들에 "나는 바다를 굉장히 사랑하고 스쿠버다이빙 강사가 꿈인 여행자예요. 만일 나를 일하게 해준다면 열심히 일할게요."라며 메일을 보냈고 '세븐헤븐'이라는 곳에서 무료 숙식과 일자리를 제공받으며 다이브 마스터로 일을 하게 되었다.

다합에서의 하루하루는 정말 눈코 뜰 새 없이 지나갔다. 일은 고됐다. 매일 아침 장비를 챙겨 내가 맡은 학생들에게 한국어와 일본어로 통역해주고, 시뮬레이션으로 보여주고 나면 함께 바다로 나가 이들이 바닷속과 친근하게 만들어주는 게 내 일이었다. 학생들이 너무 많아 저녁이 되어서야 겨우 밥을 먹을 수 있었지만 소비만 가득했던 여행에 뭔가 생산적인 것을 한다는 느낌과 그저 그 풍부한 바다 생태계 속으로 빨려 들어가는 것 하나만으로도 고된 일들의 보상으로 충분했다.

홍해라는 비치에서 조금만 걸어 들어가도 눈앞에는 알록달록한 다른 세계들이 펼쳐졌다. 아무 소리도 들리지 않는 바닷속은 오로지 내가 숨 쉬는 소리뿐이었기 때문에 바다 속에만 들어가면 나는 그렇게 마음이 안정되고 편할 수가 없었다. 그리고 또 한가지는 노을이 질 때, 함께 방을 쓰는 이들과 해변가의 카페에 앉아 마시는 이천 원짜리 망고주스와 전 세계에서 모인 수많은 여행자들의 여행 이야기는 하루의 피로를 모두 씻어 주었다.

다만, 내가 가르치던 학생들이 떠날 때 한번씩 텅텅 비는 내 옆 침대들을 볼 때마다 쓸쓸해지는 마음을 감당할 수 없을 정도로 이별은 항상 힘들었다.

다합을 떠나기로 결심했을 때, 나는 혼자 탱크를 메고 가까운 바다로 들어가 마스크에 물이 차는 것을 몇 번이나 빼내며 아무 소리도 들리지 않는 바닷속에 앉아 펑펑 울었다. 이 바다를 두고 내가 떠날 수 있을까, 그리고 다시 시작해야 하는 여행에 대한 걱정과 빠르게 흘러간 시간들에 대한 수많은 생각이 지나갔다.

결국 나는 배낭을 다시 멨다.

이곳에 머물기엔 난 아직 보지 못한 세상이 너무 많았다.

"언제든 다시 돌아와도 돼."

오늘따라 다합의 바다가, 그립다.

바다

눈이 부시도록 새하얀 모래사장에 앉아
끝도 없는 수평선을 보면서 생각에 잠겼다.
바다가 하늘을 닮은 건지 하늘이 바다를 닮은 건지
당신이 날 닮은 건지 내가 당신을 닮은 건지

바다라는 것은 늘 그렇다.
오묘하게 알 수 없는 감정들에 날 사로잡히게 하고
그리움에 가득 차게 만드는 것

어쩌면 그래서 내가 널 사랑하는 것일지도 모르지.

붉은 마그마 – 에티오피아 다나킬

가스 냄새가 진동하는 그 길을 걸으며

끓어 넘치는 마그마를 내 눈으로 보며

세상을 온몸으로 안으라.

그 순간만큼은 이 넓은 세상이

그대의 것이니.

¶

진정한 여행은 새로운 배경을 얻는 것이 아니라

새로운 시야를 갖는 것이다.

– 최정민 –

위험한 일을 마주하는 여행자의 자세

어느 장소든 어느 사람이든 여행할 땐 그 누구의 말보다 내 감을 믿어야 한다는 나만의 규칙이 있다. 실제로도 여행을 다니면서 내가 처했던 위험한 상황에서 나는 늘 나를 믿고 행동한다.

카우치 서핑을 하며 호스트가 술에 취해 내 귀를 깨물어 도망친 적도 있고, 유럽에서 나를 태워준 트럭 아저씨가 "sex no problem?"이라고 물어봐서 "NO!"라고 단호히 말해 고속도로 어귀에서 내린 적도 있었다. 내 앞에서 본인의 성기를 노출한 사람들도 있었는데, 이런 일은 대부분 여자이기 때문에 쉽게 겪게 되는 문제들이었다. (하지만 꼭 여자여서 이런 일을 당한 건 아니다. 오랜 기간을 여행한 남자 K는 이탈리아 기차역에서 노숙하는데 게이가 하룻밤을 보내자며 집에 가자고 한 적도 있다고 했고, J는 호스트가 게이였는데 함께 잠자리를 하자며 몸을 더듬은 적도 있다고 한다.)

나는 그때마다 정말 단호하게 굴었다. 그게 내 감이었고 확신이었다.

언젠가 한 번 함께 여행하던 친구에게 카우치 서핑 호스트가 볼에 뽀뽀를 한 적이 있었는데, 그 친구가 그 상황을 그냥 넘긴 적이 있다. 그걸 호스트가 OK의 의미로 받아들여 그날 밤 그 카우치 서핑 호스트는 친구에게 섹스를 요구했다. 우물쭈물하는 친구의 행동을 보고 나서야 나는 내가 봤던 그때 그 장면에 대해 잘못 본 것이 아니라고 확신했다. 지금 당장 우리는 이 집을 나가겠다며 호스트에게 소리를 지르며 한국어로 욕을 쏟아냈다. 애매한 행동은 상대방에게도 오해를 불러일으킬 수 있다고 생각해 확실하게 의사 표현을 하는 것이 내가 할 수 있는 최선이었다. 그러자 그는 미안하다며 사과했다.

이런 문제들이 생길 때마다 지나치게 민감하게 굴진 않았지만 이상한 낌새를 느끼면 나를 보호할 수 있는 사람은 나밖에 없다는 생각에 단호히 화를 내거나 늘 긴장하며 지냈다. 그런 사람들이 주변에 있다면 언제든 떠날 수 있도록 짐은 풀지 않았다.
무식한 방법이었지만 그래야 내가 여행을 오래 하면서 나를 지킬 수 있을 것 같았고, 그것이 낯선 타지에서 내가 할 수 있는 최선의 방법이었다.

스스로를 지키는 방법은, 하나다.
'믿을 사람은 나밖에 없고 내가 나를 지켜야 한다.'

모험이 위험하다고 생각된다면 그럼 그냥 일상적인 삶을 살아라.
하지만 그건 더 치명적이다.
- 파울로 코엘료 -

#마당에서 하루만 재워주세요 - 에티오피아 아와사

사람들은 잘 모르지만 아프리카는 숙박비가 꽤 비싸다. 하룻밤에 만 원을 호가하기 때문에 가난한 배낭여행자에게는 여간 부담스러운 일이 아니다.

"제발 문 좀 열어주세요."

낮부터 구름이 심상치 않더니 비가 사정없이 쏟아진다.

텐트 칠 곳도 봐두지를 못했는데 난감함에 어쩔 줄을 몰라 헤매다 이 집 저 집 문을 두드리기 시작했다.

"마당에서 하루만 재워주세요."

숱하게 거절을 당하는 사이 홀딱 젖어 비 맞은 생쥐 꼴로 체념하기 직전 '한 번만 더 해보자.'

또 거절할 것이 두려우면서도 어쩔 수 없으니 계속 문을 두드렸다.

아프리카는 야생 동물들도 너무 많아 캠핑을 하다가는 큰일을 당할 수도 있기 때문이다.

"마당에서 하루만 재워주세요, 아주 작은 텐트예요."
"안 돼!"
마지막 희망을 걸었던 노란색 대문의 아주머니는 단호했다.

"제발 부탁이에요. 비가 너무 많이 와서 밖에서 잘 수가 없어요."
이미 비에 젖을 대로 젖어 사정사정하는 나를 쓱 쳐다보더니 문을 열어 주신다.

"인샬라!"
아주머니는 나를 깨끗한 침대가 놓인 방으로 안내했다. 돈이 없다며 손사래를 치는 내게 다 신의 뜻이라며 방을 내어 줄 테니 씻고 하루 푹 쉬다가 가라고 웃음을 지으셨다.

"감사합니다!!!"
아주머니는 갓 구운 인젤라(에티오피아 전통 음식)를 방 안으로 가져다 주시며 말했다.

"먹어봐. 에티오피아 전통 음식이야."

나는 신이란 것을 믿진 않지만, 가끔 그 보이지 않는 신에게 감사할 때가 있다. 어떠한 어려움이 닥쳐도 적어도 내가 지푸라기 정도는 잡을 수 있게 만들어주니까.

하루하루 잘 살아있음에 감사하며….

¶

어느 쪽으로 들어설까?

길 위에서 알지 못할 방향 때문에 시간을 쓰는 건 바보스러운 일이다.

눈앞에 걸어야 할 길과 만나야 할 시간들이

펼쳐져 있는 사실만으로 여행자는 충분히 행복하다.

- 곽재구/포구기행 -

여행을 한다는 것

미처 피하지 못한 비를 맞으며 걷는 일

길을 가다 만난 이름 모를 나무의 과일을 따먹는 일

꽃 향기가 코끝을 스치는 일

별이 떠다니는 바다를 한참 바라보는 일

배낭을 내려놓고 부는 바람에 맺힌 땀을 식히는 일

바다를 앞에 두고 나뭇가지로 대충 만든 오두막에서 파도 소리와 함께 잠드는 일

산을 오르며 빙하가 녹아 내린 물을 손으로 떠 마시는 일

너무 추운데 별이 쏟아지는 들판에서 자는 일

모든 것이 낭만이었던, 나의 여행

아프리카

에티오피아 달리에서 반란군을 피해 모얄레까지 달려온 17시간. 케냐로 넘어오는 길은 수많은 검문과 지루함이 계속되었다. 사람을 꽉 채운 닭장버스에는 상상 이상으로 사람들이 꽉 들어차서 몸을 움직일 수도 없어 괜한 짜증과 피곤함에 이미 지칠 대로 지쳐있었다.

"Welcome to keyna!"

국경에서 도장을 찍는 이는 돈이나 빨리 내놓으라는 듯 퉁명스럽게 '50달러'를 외쳤다. 깊숙이 숨겨놓은 빳빳한 50달러짜리 지폐를 건네고 나서야 여권에 커다란 케냐 비자가 붙었다. 국경 어귀의 식당에서 눅눅한 감자 튀김에 색소로 만든 케첩을 뿌려 허겁지겁 입에 넣고 나서야 짜증에 젖어있던 내가 머쓱해 웃었다.

다시 나이로비까지는 10시간. 지긋지긋한 버스를 또 타야 한다니. 더군다나 이 험악한 국경에서 하룻밤을 보내야 할 처지에 놓였다. 총을 들고 다니는 군인들과 온통 철창이 쳐져 있는 건물들 때문에 왠지 모를 위압감이 드는 곳에서 안전한 곳을 찾던 찰나, 십자가가 떡하니 보였다. 며칠 째 씻지도 못하고 제대로 자지도 못한 채로 다시 굳게 잠긴 문을 두드렸다. 교회에서 운영하는 학교의 운동장에서 하룻밤을 보내고 다시 버스에 올랐다.

여정은 계속 됐다. 버스 안은 찜통이었지만 땀을 뻘뻘 흘리면서도 그 누구도 불평하는 사람은 없었다. 창밖으로 무지하게 버려진 쓰레기들이 보이고 죽은 동물들의 시체도 드문드문 보였다. 사람들은 아프리카가 황량한 땅일 거라고 생각하지만 드넓은 초원에 부족들이 모여 사는 대륙이라 스치는 풍경들을 구경하는 것도 쏠쏠한 재미가 있었다.

아프리카 여행을 하면서 내가 살던 세상과는 너무 다른 세상을 마주했다. 사람들은 지극히 본능적이고 환경은 지독히도 비위생적이었지만 그래도 아프리카가 좋은 건 덜컹거리는 버스에서 누군가 멀미를 이겨내지 못해 속을 게워내면 차를 세워 누군가는 대충 흙을 뿌려 오물을 덮고 누군가는 꼬깃한 휴지를 건네어 다 같이 '하하' 웃을 수 있다는 것, 문을 두드리거나 도움을 요청했을 때 대부분은 흔쾌히 순수한 마음으로 잘 도와준다는 것, 본능적으로 흥이 많아 잘 웃는 사람들이 많다는 것, 그리고 아이들의 눈이 참 맑다는 것. 동네 개들처럼 코끼리나 기린이 수도 없이 보이는 곳이기에.

물보다 맥주가 싼 대륙.
말도 안 되는 상황이 벌어지지만, 어떻게든 해결이 되는 곳.
하쿠나마타타 라는 말로 모든게 괜찮아지는 곳
지극히 야생적인 순수함이 묻어나는 곳

야생이라는 본능이 넘치는 나의 검은 대륙.

¶

태양이 떠오르면 당신은 달려야 한다.

- 아프리카 속담 중 -

가끔 그리운 그때

서투르고 어설펐던 처음이 가끔 그리울 때가 있어.

여전히 긴장감은 돌지만 너무나도 익숙하게 나는
모든 상황을 빠르게 받아들이고 인정하다 보니

뭐랄까, 새로운 환경에도 너무나도 능숙한 내가 보여서
가끔은 서투르던 날들의 내가 참 보고 싶어.

첫사랑은 잊혀지지 않는다는 말처럼

가슴속에 두고두고 꺼내 볼 수 있는 추억으로 잘 남겨두었다가
힘들고 지치는 날이 올 때, 꺼내 보며 웃을 수 있기를….

추억이 있다는 건
참 행복한 일이야.

통통배를 타고 아프리카 최대의 휴양지로 - 탄자니아

잔지바르까지 페리를 타고 가려면 이만 오천 원, 현지인들이 타고 가는 통통배가 오천 원. 이만 원이라 치면 아프리카에선 무려 다섯 끼 넘게 먹을 수 있는 돈이기 때문에 나는 그 휴양지로 들어가려고 키품베라는 시골로 물어물어 들어왔다.

잔지바르로 가는 배는 하루에 딱 한 번, 새벽 네 시.
배를 기다리는 사람들과 함께 밤을 보내야 한다.

탄자니아는 영어를 하지 못하는 사람들이 대부분이기 때문에 의사소통에 조금 어려움이 있는데, 정말 다행인 건 아프리카 사람들이 알고 보면 좋은 사람들이 많아서 이방인에게 살뜰히 대해준다는 거다.

마지막 차를 겨우겨우 타고 들어와서 이미 어둑어둑해진 곳에서 대충 잠이나 자면 된다는 듯 널브러져서 자는 사람들을 보고는 나도 똑같이 구석에 자리를 잡았다. 작은 전등 몇 개에 수십 명의 사람들이 의지해서 삼삼오오 모여 수다를 떨었고, 어떤 이들은 긴 항해를 위해 잠을 청했다.

혼자 우두커니 앉아 있는데 옆에 있는 히잡을 쓴 아주머니가 말을 건다.

"어디서 왔니?"

"한국에서 왔어요."

"꼬레아~"

깔깔 웃더니 손짓으로 내게 배가 고프냐고 묻는다.

내가 고개를 끄덕이자 아주머니는 앞에 놓인 빵을 주욱 찢어 내게 내밀었다. 감사하다고 말하면서 나는 얼른 빵을 입에 넣었다. 분명 아무 맛도 안 나는 밀가루 빵이었지만 군데군데 묻어있는 설탕이 단맛을 더했다. 서로 사용하는 언어는 달랐지만 아주 간단한 영어 단어들과 손짓으로 대화를 하다 보니 어느새 밤이 훌쩍 지나갔다.

땡땡땡땡!

요란스럽게 종이 울리자 사람들이 부산하게 움직였다. 아마 출발 시간이 되었나 보다.

좀비 무리처럼 사람들은 해변을 향해 걸었다. 배를 타기 직전 남자들은 해변에 일렬로 서서 볼일을 보았고, 여자들은 여기저기 흩어져서 일을 해결했다. 배는 해변에서 조금 떨어진 곳에 정박해 있었기 때문에 사람들은 소변과 파도가 섞인 해변에 바지를 둥둥 걷어 올리고 배를 향해 걸어 들어갔다. 나도 선택의 여지가 없었기 때문에 배낭을 높게 메고 바나로 향했다.

짭조름한 소변에 짠 바닷물이 섞여 어차피 티도 안 날 테지만 그 물속으로 걸어 들어가는 건 정말이지 찝찝해 견딜 수 없는 일이었다. 하지만 딱 한 번 있는 이 배를 타야만 했기 때문에 성큼성큼 걸어 들어갔다. 물이 내 허벅지까지 차서 배낭이 물에 닿을락말락 할 때쯤 나는 배에 올라탈 수 있었다.

불그스름한 기운이 수평선 위로 올라오고 있다. 커다란 나무배의 움푹 파인 곳엔 육지에서 섬으로 들어가는 온갖 과일과 채소가 실렸고, 그 위로 수십 명의 사람들이 아무렇게나 걸터앉아서 출발을 기다린다.

잔잔한 바다 위의 위태로운 항해는 해가 뜰 무렵부터 시작되어 무려 8시간이나 계속되었다. 볼일이 급한 사람은 뱃머리에 가서 주저 없이 바지를 내렸다. 갑자기 쏟아지는 스콜에는 속수무책으로 당했지만 뜨거운 햇살이 금새 젖은 옷을 말렸다. 아프리카가 아니면 절대 경험할 수 없는 일들이다.

저 멀리 잔지바르섬이 보인다. 항해가 무사히 끝났다는 것을 알리 듯 사람들은 환호했다.

¶

인생은 불확실한 항해이다.

- 셰익스피어 -

#이별의 기차, 그리고 위로 - 탄자니아에서 잠비아까지

"우리 헤어지자."

탄자니아에서 잠비아로 가는 '타자라' 기차의 복도 안, 내 마음처럼 뻥 뚫린 창문들이 줄지어 있는 복도 끝에서 나는 펑펑 울고 있었다. 서른하나, 그동안 겪어왔던 숱한 이별의 아픔은 무뎌지지는 않는 건지 언제나 이별 앞에서 나는 늘 작다.

"왜 울어? 무슨 일 있어?"
"오늘 난 헤어졌어. 다른 사람이 생겼대."
"괜찮아, 사랑은 또 오잖아!"

처음 보는 이방인의 이별 눈물을 위안하려 애쓰는 다섯 명이 있었다. 다른 피부색을 가졌고 국적도 다른 사람들이지만 그저 이동수단으로 기차를 탔다는 것만으로 그들은 내 눈물에 안절부절못했고 진심으로 내 상처를 어루만져주고 있었다. 기차가 정차할 때면 내 손을 이끌고 기차에서 내려 같이 잠시간의 산책을 했다.

"사랑이 원래 다 그래."

그 기차에 탄 사람들 때문에 점차 마음의 위안을 받고 있었다. 식당칸으로 오가는 길목에 위치한 이등석 칸의 복도, 창문도 없어 바람이 통째로 들어오는 창문 앞에서 이별을 받아들이고 있을 때, 몇 번 식당칸에 왔다 갔다 하다가 나를 본 일등석의 친구들이 내 손을 잡아 끌었다.

"얼른 먹어, 밥을 먹어야 힘이 나!"

잠비아, 케냐, 탄자니아에서 온 그들은 자신들의 칸에 나를 데려갔다. 그리고 밥을 주문해 내게 숟가락을 내밀었다. 이별을 혼자서 감당할 자신이 없었다. 마음의 쓰라림은 좀처럼 나아지질 않았지만 낯선 이들의 친절에 눈물이 목구멍까지 올라와 꾸역꾸역 밥을 먹고 있으니 내 어깨를 토닥인다.

결국 나는 이별을 받아들였다. 말라위로 가는 길인 음바베역에서 내릴 때 웃으며 그들에게 손을 흔들었다. 혼자라고 생각했지만 혼자가 아니었다. 그렇게 나는 피부색도 국적도 다른 그들에게서 위안을 얻어 그들과의 이별에선 웃음을 지으며 손을 흔들었다.

내가 받은 건 정말 진심인 위로였다. 정말 이상하게도 기차를 내리고 난 후, 나는 더 이상 울지 않았다. 이별은 이별이고 여행은 여행이었다. 사랑은 떠나갔지만, 나는 수많은 친구를 얻었다는 것만으로도 충분했다.

결국 여행의 전부는, 사람이 주는 위안이 아닐까?

¶

여행한다는 것은 완전히 말 그대로 '사는 것'이다.

현재를 위해 과거와 미래를 잊는 것이다.

그것은 '가슴을 열어 숨을 쉬는 것'이고 모든 것을 즐기는 것이다.

- 알렉상드르 뒤마 -

위로

어쩌면 우리에겐 위로가 필요했을지도 몰라요.

괜찮지 않은 삶을 스스로 다독이며 괜찮다고 해왔을 거잖아요.

그런 순간이 올 때는, 한 번쯤 모든 걸 내려놓고

어디론가 훌쩍 떠나봐요.

그리고 아무도 없는 곳에서

바람이, 바다가, 하늘이, 노을이

그곳에서의 모든 시간이 당신을 위로할 거예요.

#망고비가 내리는 그곳 - 말라위 은카타베이

아프리카 말라위의 은카타베이라는 작은 마을에선,

그리 늦지 않은 아침, 땀에 흠뻑 젖어 텐트 지퍼를 열면 바다 같은 호수의 소리와 발가벗고 뛰어다니는 아이들의 목소리가 가득 차고, 밤새 내린 망고비에 바닥에 뒹구는 노랗게 잘 익은 망고를 하나 주워 바지에 슥슥 닦아 한 입 베어 물며 하루를 시작해.

모래 장난을 하고 있는 아이들을 보며 흐뭇하게 앉아 사진을 찍고 있노라면, 찰칵거리는 소리에 내게 달려와 포즈를 취하는 모습에 하루 종일 기분이 좋아지고, 한낮에는 나무 그늘 아래서 낮잠을 실컷 자고 슬슬 시장에 나가 생선구이 하나에 맥주 하나 마시는 그런 소소한 하루가 지나가면 에메랄드빛 호수에 붉다 못해 빨간 하늘이 빨려 들어가면서 어두워지지.

나 그때,

특별하지 않았지만, 소소하고 행복해서

“아 행복해~”

이런 게 행복이구나 싶더라.

아무것도 하지 않았지만, 이런 게 여유구나 싶고.

나의 청춘들에게, 그때의 그 여유를 선물하고 싶어.

우리, 이렇게 살자.

¶

때때로 손에서 일을 놓고 휴식을 취해야 한다.

쉼 없이 일에만 파묻혀 있으면 판단력을 잃기 때문이다.

- 레오나드로 다빈치 -

모든 것은 내게 달려있어

어떤 이들은 감탄을 자아냈고 어떤 이들은 실망을 한다.
하루에도 몇 번씩 바람에 의해 모양이 바뀐다는
사막의 듄들 사이에서 꿋꿋이 자리를 지키고 있는
말라 죽어버린 나무가 서 있는 데드블레이가 그랬다.
뜨거운 태양을 견디며 수많은 시간들을 서 있었던
이 고목들은 괴로운 시간들을 지나
이런 멋진 풍경이 되었겠지 생각했다.
유난히 고생스러운 여행을 했던 나는
언젠가 이 여행이 나를 멋진 풍경으로
만들어 줄 것이라고 믿는다.

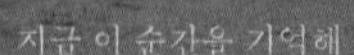

#경찰서에서의 하룻밤 - 모잠비크

다이빙 포인트가 좋다는 사실 하나만으로 내전 중인 모잠비크에 입국했다. 여태껏 지나온 아프리카 국가들과는 다르게 물가가 어마무시하다. 국경에서 걸어 내려오며 히치하이킹을 시도했지만 결국 얻어 탄 차는 돈을 요구했고, 나는 다시 길에 남겨졌다. 어두운 산길에 우두커니 서 있으니까 웬 차가 한 대 선다.

그렇게 두두를 만났다. 두두는 '좀 산다' 하는 모잠비크인으로 간간히 어려운 아이들을 도우며 사는 친구였는데 밤길에 너무 위험해 보여 내 앞에 차를 세웠다고 했다. 국경에서 가까운 도시 테테까지 가서 두두는 내게 호텔방 하나를 잡아주며 쉬고 가라며 호의를 베풀었다. 괜히 왔다 싶었는데 이 친구를 만나 참 다행이라는 생각이 들었다.

내가 가고 싶어 하는 곳은 모잠비크 남단에 있는 아주 작은 토푸라는 도시였는데, 그곳까지 가려면 드는 교통비가 10만 원이 넘었다. 아프리카에서는 어마어마한 돈이다. 히치하이킹을 강행하려는 내게

운이 좋게도 남쪽으로 내려가는 두두의 친구 차에 소정의 금액을 지불하고 가게 되었는데 도로가 통제되어 통 움직일 수가 없다.

내전이 일어난 것이다.

차는 도로에 서서 꼼짝달싹하지 않은 채 여섯 시간이 넘었다. 멀지 않은 곳에서 반란군과 정부군이 총격전을 하고 있다고 했다. 차 안은 찜통이었다. 더군다나 아무도 차에서 내리지 않는 상황에서 화장실이 너무 급한 나머지 군인 초소로 다급히 뛰어갔다.

"토일렛! 토일렛!!"

다급한 내 목소리를 듣더니 막사 같은 곳을 가리킨다. 아마 그곳이 화장실인 듯했다. 찌는 듯한 날씨에 뻥 뚫린 막사 안, 수백 마리의 파리가 나를 에워쌌다.

토할 것 같은 채로 볼일을 마무리하고 뛰쳐나왔다. 날은 또 왜 이렇게 습한지 숨이 막힌다.

'아, 역시 아프리카 쉽지 않다'

화장실에 다녀온 지 얼마 지나지 않아 탱크를 따라 정차해있던 차들이 움직이기 시작했다. 곳곳의 건물에는 총탄 자국이 선명했다. 내가 결국엔 이런 곳까지 지나치나 싶어 헛웃음이 나왔다.

하루를 꼬박 달려 토푸로 가기 바로 전 도시에 도착했는데 토푸로 가려면 내일 아침 버스를 기다려야 한단다.

"토푸?"
"네!!"
"내가 그곳까지 들어가니 삼천 원만 내!"

버스 정류장에서 서성이는 내게 트럭 아저씨가 창문 너머로 말을 걸어온다. 이 도시에서 비싼 숙박비를 내느니 늦게라도 그곳에 도착하는 편이 낫다고 생각해 흔쾌히 트럭 뒤에 올라탔다. 트럭 뒤에서 밤바람을 맞으며 달리는 건 정말 기분이 좋았다. 딱 거기까지.

어느 마을에서 아저씨는 멈춰 섰다. 지도상으로는 아직도 토푸를 가려면 40km정도가 남았는데 이곳이 토푸라며 내리란다.

"여기 토푸 아닌데?"
"아냐 여기 맞아."
"아니라니까?"
"맞다니까!"

아저씨와 잠깐의 실랑이가 일어났다. 설상가상으로 아저씨는 삼천 원이 아닌 이만 원을 내게 요구했다.

"삼천 원이라고 했잖아요."

"난 그렇게 말한 적 없어."

아저씨는 시치미를 뚝 뗐다. 참으로 환장할 노릇이었다.

"여긴 토푸가 아니니까 돈 못 주겠어요."

"줘야 해."

"주고 싶지 않아요."

이상한 곳에 내려놓고 돈을 내놓으라는 아저씨에게 나는 절대로 단 한 푼도 줄 수 없다는 생각이 들어 강력하게 대응했다.

"그래? 그럼 경찰서로 가자!"

"좋아요! 경찰서로 가요!"

나는 큰소리를 내가며 아저씨랑 싸우다가 결국에는 아저씨 손에 이끌려 경찰서로 끌려갔다. 무슨 일이냐고 묻는 경찰에게 아저씨는 모잠비크어로 뭐라 뭐라 말했고, 경찰은 아저씨에게 가보라며 손짓했다. 덩그러니 남겨져 버린 나는 더 화가 나서

"난 너희 나라에 온 여행자야. 그런데 지금 이 사람이 내게 사기

를 치려고 했어. 그래서 나는 돈을 줄 수 없어. 그리고 너희 나라가 싫어지려고 해!"

몹시 흥분한 상태로 말하는 나를 보며 얘기를 듣던 경찰은 배꼽을 잡으며 웃었다. 어리둥절한 표정을 짓는 내게

"알았어, 근데 여긴 아프리카야. 흔한 일이야. 이제 그만 가봐도 돼."
"응?"

나는 씩씩거리며 뒤돌아 서서 경찰서 밖을 나섰다. 가로등이 많지 않아서 길이 어두웠는데 막상 어디로 가야 할지도 모르고 인터넷도 안 되는데 어딘가를 가기가 겁이나 다시 경찰서로 향했다.

"미안한데, 지금 밖이 어두운 것 같아서 그런데 여기서 하룻밤 자고 가도 돼?"
"여기서??"
"응. 밖은 너무 어둡고 위험할 것 같아서 그래"
순식간에 경찰서 안은 웃음으로 가득찼다
"저기 가서 자."
"고마워!"

꿈뻑꿈뻑거리는 전등 아래 경찰서 어느 구석에 돗자리를 펴고 누웠다. 그래도 멀쩡하게 살아있으니 천만다행이라며 스스로를 다독였다. 아침이 되어서야 나는 다시 배낭을 메고 경찰들한테 가는 길을 물어본 후 연신 고맙다며 인사하고 돌아섰다.

"하쿠나 마타타!" (다 잘될 거야!)

"I love Africa! Thank you."

¶

여행은 사람을 순수하게, 그러나 강하게 만든다.

- 서양 격언 -

동행

너희들과 함께 했던 그 순간들이 그리운 날이다.

'우리'들이 같은 사람이어서 가능했던 것들이었으니까.

다른 곳에서 왔지만 같은 이유로 만나서 같은 감정으로 함께

그 자리에 서 있는 자체가 우리한테는 즐거운 일이었던 것 같아.

내게 동행이란 그래.

우리가 동행이었기 때문에 통했고 동행이기 때문에 같은 이야기로

같은 목적지를 향해 걸을 수 있었던 거 말이야.

나와 함께,

어떠한 순간들을 함께했던 너희들은 지극히 개인적이지도 자극적이지도

않아서 난 좋았고

서로의 앞에서 체면 같은 것 없이 마음속에 있는 진지한 말들을 꺼내어

함께 생각하고 고민하고

시시콜콜한 말들을 잔뜩 늘어놓고 실없이 깔깔대도 함께 있어서

좋은 순간들을 만들어 냈으니 말이야.

그립다.

나의 너희, 내 청춘, 보고 싶은 이 밤

#우리들의 아름다운 청춘을 위하여 - 아프리카 종단 중

"혹시 K씨 아니세요?"

우연히 케이프타운으로 가는 버스 터미널에서 만난 K. 아프리카 오픈 카톡에서 다이빙버디를 구하던 친구를 버스 터미널에서 우연히 만났다.

"어디로 가세요?"

"아프리카 여행 좀 하려고요."

"어? 우리 동행 구하고 있는데, 차 렌트해서 여행하려고요. 같이 갈래요?"

"아 진짜요? 땡기는데!"

그렇게 K와 케이프타운의 공항에서 미리 동행으로 구했던 D를 만난 것을 시작으로 우리는 아프리카 여행을 시작했다.

처음 보는 사람들과 한 달간의 여행이라니.

미리 예약해 두었던 차를 렌트하고 나미비아 비자를 받기 위해 케이프타운에서 머무는 동안 모두들 오랜만에 한국 사람들과 어울린다는 기쁨에 젖어서인지 머무는 에어비앤비에서 고팠던 한식도 잔뜩 해먹고 밤새도록 술도 퍼마셨다. 하루에도 사계절을 다 느낄 수 있는 케이프타운에서 그렇게 여행이 시작됐다.

"출발!"

차에서 익숙한 노래들이 흘러나온다.

처음 만났지만 왠지 모르게 익숙한 사람들과 낯선 곳을 여행했다. 성격은 제각기 달랐지만 동행이라는 이름 하나만으로도 모든 것이 충분하다.

"코끼리다!"

뒷자석에서 코골며 자다가도 앞에 앉은 K와 D가 소리를 지르면 벌떡 일어나 코끼리를 보고 '와~' 소리를 지르며 셔터를 눌러대는 바보 같은 내가 있고, 끝이 어딘지도 모를 아지랑이가 잔뜩 핀 아스팔트 위를 달리며 나무그늘이라도 나오면 그곳에 차를 세워 식빵에 잼과 치즈, 소시지 등을 얹어 한입 가득 물고 '꽤 맛있네-'라며 웃고, 밤이면 어딘가의 캠핑장에서 고기를 구워 와인을 곁들여 마시고 인적 드문 국립공원의 어귀에서 진흙에 빠진 차를 맨손으로 꺼내느라 진흙 범벅이 되기도 하고, 500원짜리 KFC아이스크림을 입에 하나 물고 행복해 하던 우리.

매일 밤 쏟아지는 별을 보며 수다를 떨고, 지나가는 모래 폭풍을 피해 집안으로 들어가고, 비가 갠 뒤의 하늘을 보며 감탄하고, 드넓은 초원의 동물들을 보며 감동하고 함께 붉은 사막에 올라 떠오르는 해를 보고, 하루에도 수 번씩 변하는 하늘을 보고 신기해하며 같은 것을 보고 같은 것을 느끼던 한 달은 금새 지나갔다.

가끔 시간은 늘 야속하게 빠르다.

아프리카 여행을 한 것보다 이들을 만나서 함께 있었던 것이 더 좋았다. 함께 죽을 뻔한 사고도 겪었고 위험한 상황에서는 똘똘 뭉치기도 하고 의견이 엇갈려 지지고 볶고 싸우면서도 각자의 장점을 살려 잘하는 것들을 해내며 함께 여행을 했던 순간들이 스쳐가는 인연에서 우정을 만들어냈으니….

가난한 여행을 하는 나 때문에 함께 여행했던 K와 D가 엄청나게 고생했던 게 여행할 때는 몰랐는데 지나고 나니 참 고맙다. 그래서인지 가끔 오래 보고 싶은 이들과 한국에서 소주 한잔에 추억을 기울일 수 있는 사실이 너무 좋다.

우리가 함께 여행한 시간들이 정말 좋았어

¶

우리는 날들을 기억하는 게 아니라 순간들을 기억한다.

순간의 소중함은 그것이 추억이 되기까지는 절대 알 수 없다.

- 닥터수스 -

디스 이즈 아프리카

세계 어딜 가나 볼 수 있는 하늘은
이곳에선 더 파랗고
태양은 더 뜨겁게 타오른다.

비가 내리고 그치는 것이
둘러보지 않아도 한눈에 담기기도 하고
완벽한 무지개를 만날 수 있는 날이 많다.

보이진 않지만 엄격한 자연의 규율이 흐르는
그 어떤 대륙보다 고귀한 생명의 생태계를 가진

본능의 세계
그게 아프리카다

#사막에서 마주하는 아침 - 나미비아 세스림

사막의 밤은 늘 차가웠다.

나는 그런 사막에 빛이 내리는 시간을 좋아했다.

서서히 차가워지던 밤과는 다르게 아침은 순식간에 뜨거워졌다.

쏟아지는 별 아래서 잠들고 일출과 함께 사막을 올랐다.

빛이 퍼져나가는 빨간 사막 위, 눈도 뜨지 못할 만큼 눈이 부신 해를 정면으로 마주하면서 이대로 죽어도 좋겠다고 생각했다.

인생을 살면서 이렇게 멋진 일출과 함께 하루를 시작하는 것

한 번쯤은 아주 괜찮은 일이다.

¶

집에 돌아와서 자신의 오래되고 익숙한 베개에 기대기 전까지

아무도 그 여행이 얼마나 아름다웠는지 깨닫지 못한다.

- 린위양 -

R.O.K.A

1년째 세계 여행 중인 딸에게

엄마가 보내는 편지

사랑하는 딸

배낭 하나 달랑 메고 출국하던 딸을 보내며 걱정에 앞서 불안한 마음으로 돌아오는 길에 눈물이 앞을 가렸었지. 노심초사하며 날을 보내다 보니 1년이 훌쩍 가버렸네. 기특하고 용감하고 장한 우리 딸, 타국에서 피부색이 낯설고 언어 소통도 어려운 환경 속에서 잘 적응하며 보내는 우리 딸 대단하다. 자랑스럽기도 하고.

엄마는 딸의 지나온 모습을 그려보곤 한단다. 세상에 태어난 딸을 보고 기뻐하기보다 마음이 아팠던 기억, 아주 작게 태어나 인큐베이터에 들어가야 했던 딸을 두고 원주 병원에서 택시를 타고 제천으로 오며 미안한 마음에 한없이 울며 오던 기억, 그래서인지 너에겐 늘 미안한 마음이 마음 깊숙이 자리잡고 있지.

매우 똑똑하게 자라주는 너의 모습을 보며 아주 많은 행복감을 느끼며 살아갈 때 뜻하지 않은 아빠의 사고로 우린 많은 아픔을 겪어야 했어. 아빠 역시 많은 시련과 힘든 생활을 극복하기까지 너무 긴 세월을 보냈지.

엄만 삶을 포기하고 싶은 마음도 간절했지만 자라나는 우리 딸들 보며 정신 차리고 희망을 가졌어. 너희들에게 부끄러운 엄마가 되지 않기 위해 많은 노력을 했지만 우리 딸 고등학교, 대학교 때 경제적으로 어려움이 닥쳐오기 시작했고, 엄마 혼자 감당하기에는 힘겨운 날들이었단다.

송이야, 경제적인 문제로 너에게 못해준 것이 많아 서울에서 혼자 고생하던 딸의 모습을 보며 엄마의 마음도 아팠단다. 엄마의 서른두 살, 엄청난 아빠의 사고로 시련 속에서도 너희들을 보며 힘을 내고 살았었다.

그동안의 나쁜 일, 모든 것들을 잊고 좋은 것만 생각하며 살자 딸.

훌륭한 우리 딸, 많은 체험을 하며 많은 것을 보고 많은 세상을 만나 많은 것을 얻어올 우리 딸, 늘 응원하며 기도한다. 건강하게, 생각했던 것과 모든 것을 성취하며 돌아오기를 바라며 엄만 딸을 기다릴게.

사랑하는 딸, 화이팅!

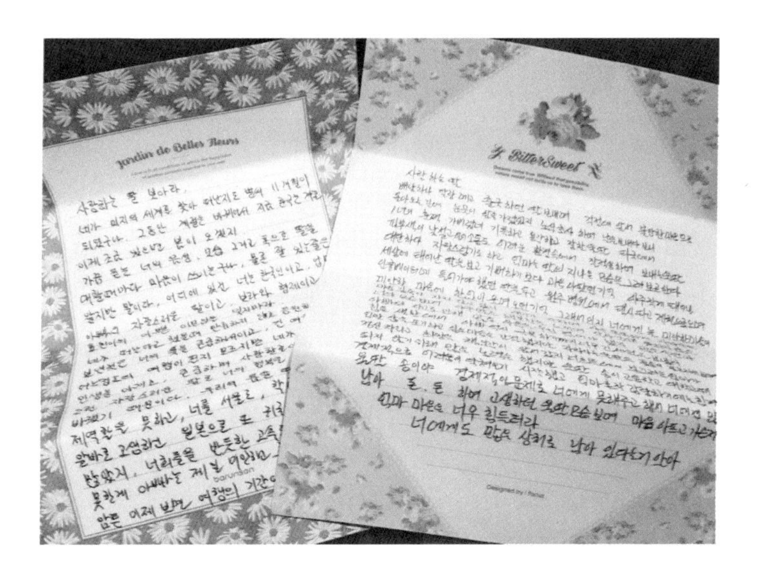

Jardin de Belles Fleurs

사랑하는 딸 보아라,
네가 미지의 세계를 찾아 떠난지도 벌써 11개월이
되었구나. 그동안 계절은 바뀌어서 지금 한국은 겨울
이제 조금 있으면 봄이 오겠지
[illegible]

BitterSweet

[illegible]
엄마 마음은 너무 힘들더라
너에게도 많은 상처로 남아 있다는 거 알아

1년째 세계 여행 중인 딸에게

아빠가 보내는 편지

사랑하는 딸 보아라.

네가 미지의 세계를 찾아 떠난 지도 벌써 11개월이 되었구나. 그동안 계절은 바뀌어서 지금 한국은 겨울, 이제 조금 있으면 봄이 오겠지. 가끔 듣는 너의 음성, 모습, 그리고 톡으로 딸을 대할 때마다 마음이 쓰이는구나. 물론 잘 있는 줄은 알지만 말이다. 어디에 있건 너는 한국인이고 엄마, 아빠의 자랑스러운 딸이고, 보라와 형제이고 우리 효원이의 예쁜 이모임을 잊지 마라.

네가 떠난다고 했을 때 만류하지 않고 응원하며 너를 보낸 것은 너의 뜻을 존중해서이고, 긴 여행이 될지 어느 정도의 여행이 될지 모르지만 네가 스스로 너의 인생을 아끼고 존중하며 사랑할 줄 아는 사람, 그런 자랑스러운 딸로 너의 행복을 찾아서 가길 바랐기 때문이다.

우리의 품을 떠날 때, 내가 제 역할을 못하고 너를 서울로 학교를 보냈고, 너는 알바하며 고생하다 일본으로 갔다가 또 귀국해서 정말 고생 많았지. 너희들을 반듯한 고속도로에 올려놓지 못한 게 아빠는 제일 미안하고 후회가 된다. 암튼 이제 보면 여행의 기간이 정해진 건 아니지만 반환점을 돌았다고 생각해. 지금쯤은, 아니 진작 느끼고 생각하겠지만 네가 가고자 한 길, 선택한 길, 출발할 때의 순수한 마음 잊지 마라. 시련을 헤치고 이겨나갈 수 있으리라 믿는다. 물론 아픈 것을 내려놓고 안 좋은 기억도 저편에 놓고 너의 행복을 위해 노력하고 생각하면 된다. 또 네가 다니는 나라는 한국이 아니다. 말을 아무리 잘해도 그 사람들은 이해하지 못할 수도 있다.

- 송사에 휘말리지 마라, 너 이외에는 믿을 사람이 없다.
- 이미 말했지만 네가 가진 경제력, 체력, 재능을 소비해서 지식을 얻고 행복한 마음, 여유로운 마음으로 새 길을 찾아라.
- 건강이 최고다. 잊지 마라. 그리고 소지품을 잘 챙겨라.
- 너무 고생을 많이 하면 좋은 추억보다는 아픈 기억이 될 수 있어. 그럼 후회가 될 수도 있다.
- 인생의 주인공은 네 자신이다.
- 걸어가는 사람이 많으면 그곳이 길이다.
- 내 안에 양식이 있으면 생활이 여유롭다.
- 오늘 만난 사람에게서 너를 보라.
- 청춘에게 길을 묻고 찾기 위해 스스로 여행을 선택한 거니까 외롭다 생각할 수도 있지만 외로우면 지는 거야. 울지 말고 갭이어, 물론 욜로 라이프의 뜻을 되새기면서 남은 여행 파이팅!

모쪼록 너의 여행에 행운이 있기를 바라면서….

딸, 아빠의 글이 너무 딱딱했나? 할 말은 많은데 걱정이 더 되는 게 사실이기 때문에…. 늘, 오늘도 내일도 사랑한다. 건강, 알지?

공항

마음을 유난히 설레게 하면서도
유난히 마음을 서운하게 만드는 곳이 있다.

새로운 곳을 향한 발걸음이 시작되는 곳
연을 맺었던 이들과 안녕을 나누는 마지막 장소

익숙하면서도
익숙하지 않은 이곳에서

오늘도 수많은 시작과 안녕이 오간다.

PART. 3

행복은 언제나 가까이에 있다

—

우리는 여행을 하면서 잊고 살았던 감정들을 되찾아
내가 사는 것처럼 살고 있구나 하고, 더 많이 웃고, 행복해하고
에너지가 넘치고 작은 것에도 굉장히 좋아하지
내가 꿈꿔 왔던 건 어쩌면 이런 것일지도 몰라
모든 것에 감사하는 작은 행복 같은 거 말이야

어쩌면 행복은 언제나 내 옆에 있었던 것 같아

오늘을 행복하기 위해 - 이과수

무섭게 쏟아져 내리는 폭포수를 보며 잠시 잠깐 죽음에 대해 생각해본 적이 있어. '이렇게 살아도 괜찮은 걸까?'라는 스스로를 향한 수도 없는 질문에 '이렇게 살아도 괜찮은 것 같아.'라고 말할 수 있는 여행으로 답을 내렸거든.

치열한 삶을 살아낼 땐, 언젠간 올 것 같은 그 좋은 날들을 위해서 살고 싶었는데 지금은 내일 죽어도 후회 없을 만큼의 오늘을 살다 보니 언제 죽음이 와도 괜찮을 것 같아.

악마의 목구멍이라고 불리는 경이로움을 앞에 두고 내가 그것을 마주하고 있단 사실만으로도 가슴이 너무 벅차고 폭포를 둘러 띠를 두른 무지개가 너무 예뻐 눈을 떼질 못했어.

언젠간 오로지 나만을 위해 살았던 이 시간들을 기억하면서
잘 살아낼 날들이 오겠지.

오늘을 행복하기 위해 열심히 살 것!

#이과수부터 우수아이아까지 - 파타고니아

긴 여정을 알리는 건 아르헨티나 이과수에서 부에노스 방향의 한적한 도로 위였다. 오래간만에 나는 엄지손가락을 치켜 들고 길 위에 섰다.

무려 12,000km가 넘는 긴 여정이 시작됐다.

"남미 위험한데?"
"너 그러다가 죽어!"

사람들은 일반적으로 가지고 있는 남미에 대한 편견을 내게 쏟아냈지만, 결국 나는 시작해버렸다. 세계 여행 또한 내 인생의 큰 도전이었지만 이 또한 나의 여행 속의 도전이었다.

이만 원짜리 텐트, 이만 원짜리 침낭을 들고 이 큰 대륙을 여행했다. 커다란 도시에서는 카우치 서핑을 했지만 해가 저물어 그 자리에서 내려 잠을 자야 할 땐 허허벌판에 텐트를 치고 밤새 스며드는 찬 공기와 싸워가며 밤을 보냈고, 비싼 물가에 과자 한 봉지로 버텨가며 하루하루를 보냈다.

끝이 없을 것만 같은 도로를 달리며 매일 부는 바람이 다르고 매일 보는 하늘이 다름에 또 한번 놀랐다. 그림을 그려놓은 것만 같은 산들과 빙하가 녹아 내려오는 에메랄드빛 호수, 밤마다 눈앞에서 아른거리던 별들이 너무 좋았다. 때때로 좋은 운전자들을 만나 그들의 트럭에서 함께 요리를 해먹고, 도로 위에서 그들이 지루함을 달래는 방법에 함께 동참해 차 안에서 같이 노래하고 춤추며 여행은 두 달 간이나 계속됐다.

속도는 느렸지만 비행기, 버스에서 보는 풍경과는 다른 것들을 마주했다. 이과수를 떠난 지 약 열흘이 조금 넘었을 때 나는 최남단 우수아이아에 도착했다. 우수아이아 표지판을 보고는 해냈다는 기쁨에 가슴이 벅차 눈시울이 붉어졌다. 그곳의 아주 오래된 카페에서 커피로 몸을 녹이며 스스로에게 감사를 표했다.

칠레 북단을 향해 가면서부터는 상상 이상의 풍경을 눈앞에 마주했다. 토레스델파이네, 모레노 빙하, 피츠로이, 바릴로체, 솔직한 마음으로 매일이 감동이었다. 매일 배도 고팠고 잠도 제대로 자지 못했지만 지금이 아니면 이런 여행을 하지 못할 것 같다고 생각했기 때문에 이 모든 순간에 대해 욕심을 부렸다.

아르헨티나 최북단 이과수부터 최남단 우수아이아까지, 칠레 최남단을 거쳐 북단 산페드로 아타카마까지 12,000km의 여정.

스스로와 약속했던 모든 구간의 히치하이킹은 수많은 기다림의 시간과 배고픔, 그리고 캠핑으로 끝냈다. 다른 여행자들의 반절쯤 아낀 돈과 반비례로 수많은 감정과 경험을 얻었고, 그만큼 나도 많은 성장을 했다. 스스로가 한계에 부딪혔을 때, 그것을 이겨낼 수 있다는 자신감과 어려운 상황이 닥쳤을 때 버텨낼 수 있다는 마음, 그리고 행복을 향한 의지가 이 모든 여정을 잘 마칠 수 있게 했던 것 같다.

모두가 걱정했지만
결국 나는 해냈다.

¶

비록 실패하더라도 큰 것을 감행하는 편이 훨씬 큰 즐거움이 있으며,

고통도 작은 일일수록 크고, 큰 일일수록 작아지는 반비례 관계가 있다.

왜냐하면 큰 일이란 당초부터 승리도 패배도

초월한 마음가짐이 아니고서는 감히 도전할 수 없기 때문이다.

- 루즈벨트 -

여행을 하는 이유

해를 등지고 섰더니 바람 따라 일렁이는 물결 사이로
소금 결정들이 떠올라서 별이 떠오르는 호수에 서 있는 느낌이 들었어.

"별이 떠 있는 호수에 서 있어본 적 있어? 진짜 죽여준다."
나는 그런 풍경들이 눈앞에 펼쳐질 때마다
가슴이 몽글몽글해져 꼭 눈물이 날 것 같았거든.

내가 지금 그곳에 서 있는 것조차 믿어지지 않을 때가 많았으니까.

가끔 힘들어질 때,
그때 그 풍경들을 생각하면 왠지 다시 한 번 힘을 낼 수 있을 것 같아서

난 여행을 하나 봐.

기다림을 즐기는 자들 - 아르헨티나

여행자들에게서 기다림을 즐기는 것, 그 시간 자체를 사랑하는 것을 볼 때면 늘 신선한 충격이다.

“얼마나 기다렸어?”

“어제부터 기다렸어.”

이제 갓 고등학교를 졸업한 것처럼 보이는 앳된 얼굴의 여행자들이 깔깔거리며 말한다. 아마, 본인들도 이렇게 오래 기다리는 게 웃기고 재밌는지 연신 웃고 장난치면서.

“이제 어디로 가?”

“글쎄, 어디론가 가겠지.”

정말 이들의 대답은 날 가끔 놀라게 한다니까.

아르헨티나의 엘 찰튼의 마을 입구.

추운 병원 앞에서 선잠을 자고 나갔음에도 불구하고 이 길에서 빠져나가기 위해 오늘도 수많은 히치하이커가 자신을 태워 가줄 차들을 기다리고 있다.

아르헨티나와 칠레에서는 이런 여행이 'Nomal'하다. 워낙 땅덩어리가 넓은데다 차비가 어마 어마하기 때문에 가진 것이라곤 젊음뿐인 우리는 주저없이 모험을, 도전을 택한다

한 시간에 두세 대 지나갈까 말까 한 이 산중턱에서 그림을 그리거나 장난을 치거나 기타를 치며 각자의 방법으로 기다림을 즐기고 있는 그들이 보여주는 그 인내와 여유는 함께 같은 길 위에 서 있는데도 신기하리만큼 낯선 기분이 든다. 히치하이킹이라는 것 자체가 내겐 도전이고 성취감인데 이들에겐 그저 여행이다.

나는 그런 삶이 부럽다.

시공간의 제약이 없는 이 순간의 그들의 삶은, 어쩌면 내겐 조금 어려운 과제 같은 삶이겠지만 그리 된다면 참 좋겠다.

¶

희망차게 여행하는 것이 목적지에 도착하는 것보다 낫다.

- 로버트 루이스 스티븐슨 -

Austral

그러니까

"저는 왜 이렇게 여행하다가 가끔 눈물이 나는지 모르겠어요."

커피를 마시다 말고 칠레 토레스델파이네 트레킹을 할 때 만났던 S가 말했다. 대학교, 대학원까지 졸업한 후 전문의 시험에 합격해 병원에 들어가기 전 세 달 동안 여행을 하는 친구다.

"나도 마찬가지야."

공항에서 출국장 문을 나설 때면 늘 가슴이 먹먹했다. 내가 이곳을 떠난다는 사실에, 날 위해 시간을 투자하고 산다는 사실에 아마 가슴이 벅찼었던 것 같다.

"우리가 지금 이 순간 여기에 앉아 있다는 게 감격스러워서 그래. 한국에서는 못 하잖아."

한국에 가면 해가 뜨는지 저무는지도 잘 모르는 채 하늘을 쳐다보지 못하는 날들이 많아질 것이다. 여유 없이 먹고살기 위해 일에 집중하는 날들이 더 많아질 것이다.

그러니, 지금 이 순간을 미친 듯이 즐기고 돌아가자.

여행과 장소의 변화는 우리 마음에 활력을 선사한다.

-세네카-

#죽음의 경계 - 칠레 마블 동굴

남미 아르헨티나와 칠레를 두 달 동안 장장 12,000km를 히치하이킹과 캠핑, 카우치 서핑 등으로 여행했다. 그때부터 나는 남미에 빠지기 시작했는데, 설산과 빙하가 가득한 드넓은 광야를 달리고 누비는 건 내 여행의 최고의 순간들이라고 장담할 수 있다.

아르헨티나에서 칠레로 넘어가기 전의 마지막 밤, 발바닥을 콕콕 찌르는 따가운 풀들 위에 텐트를 쳤다. 그날따라 유난히 별이 쏟아질 것처럼 빛나 추워서 눈물을 펑펑 흘리면서도 한참을 별을 보다가 잠이 들었다. 아침이 왔다. 별다른 어려움 없이 칠레 국경에 도착했을 때부터 머리가 띵하기 시작하더니 열이 펄펄 나기 시작했다. 며칠 동안 제대로 먹은 거라고는 과자 한 봉지와 주스가 전부여서일까?

'아플 것 같다….'

여행을 시작하고 나서 찾아오는 직감은 늘 정확하다.

황량한 곳에 병원이나 쉴만한 공간은 없었고, 뜨겁게 해가 비치고 있었기 때문에 서둘러서 국경을 넘어야 했다. 칠레 국경을 넘으려면 5km를 걸어가야 했는데(국경에서는 사람들이 잘 태워주지 않는다) 그 5km가 100km처럼 느껴졌지만 행군을 하듯 꾸역꾸역 국경을 향해 걸었다. 길에서 쓰러질 수는 없었다.

"비엔베니도스(어서 오세요)!"

도장이 찍히고 이미그레이션을 나서는 순간 긴장이 풀려서인지 온몸이 뜨거워지기 시작했다.

'마블 동굴까지 가려면 아직도 두 개의 산을 넘어야 해.'

먹은 것도 없는데 밑으로는 피가 섞인 설사가 쏟아졌다. 위로는 피가 섞인 위액이 올라왔다. 급하게 대충 문이 열린 집을 찾아 주인의 허락도 받지 못한 채 화장실에 들어가 모든 걸 쏟아냈는데도 열이 나서 눈앞은 흐려지는데, 굳이 오늘은 그곳에 꼭 가야 한다고 스스로에게 고집을 부렸다.

오후가 훌쩍 지나갈 즈음, 나는 길 위에 배낭을 던지고 누워버렸다. 더는 갈 수가 없었다. 미친 듯이 잠이 쏟아졌고, 앞에서는 먼저 온 히치하이커들이 순서를 지켜가며 본인의 차례를 기다리고 있었다. 여차저차 차를 얻어 탔지만 해가 넘어갈 때쯤 산 중턱에서 아저씨는 나를 내려주고는 더 깊은 산속에 있는 집으로 들어갔다.

'이대로 죽기 싫어.'

갑자기 삶에 대한 미련이 가득 차 올랐다.

온몸에서 열이 들끓는데 눈물마저 뜨겁다.

'여기서 죽을 순 없어, 오늘 가야만 해.'

오늘 가지 않으면 산에서 얼어 죽거나 할 게 뻔했다. 배낭을 뒤져 구석에 처박아두었던 돗자리를 찾아냈고, 스페인어로 "살려주세요"라고 적어 힘껏 들었다.

날은 점점 추워지고 산길은 어두컴컴해졌다. 눈앞이 흐려지고 있는 내 앞에 작은 차가 섰고 그들은 창백한 나를 보더니 얼른 타라며 손짓했다. 나는 거친 숨을 몰아쉬며 거의 기어가듯 그 차를 타고는 깊은 잠에 빠졌다. 중간중간 덜컹거림에 눈이 떠졌을 때 남미 특유의 돌산들 위로 별이 흔들거렸고, 그리고는 기억이 잘 나지 않는다.

마을에 도착해서 병원에 데려다준다는 이들을 마다하고 "혹시 제일 싼 호스텔을 찾아줄 수 있나요?"라고 물었다. 너무 비싸 텐트를 치고 잘까 하는 생각이 들었지만 그러다간 살아서 한국에 돌아가지 못할 것 같았기 때문에 거의 울며 겨자 먹기로 호스텔 문을 두드렸다.

밤새 열이 났고 뜨거운 것들은 내 몸에서 계속 쏟아졌다.

'엄마 보고 싶다.'

아플 때, 한 번도 엄마에게 아프다고 해본 적이 없었는데, 일 년이나 보지 못한 엄마가 너무 보고 싶었다.

"엄마, 나 너무 아파. 한국으로 가고 싶어."

몇 자 적지 않았지만 내 눈에는 눈물이 가득 찼다.

"딸, 오늘 외할머니가 돌아가셨어."

나는 그날 정말 많이 울었다. 내가 죽을 것 같아서 엄마를 찾았는데, 엄마도 엄마를 하늘로 보낸 아픔에 내가 많이 필요했을 것이고 보고 싶었을 것이라고 생각하니 감정이 복받쳐 싸늘한 호스텔 방에서 펑펑 눈물이 쏟아졌다. 가지도 못했겠지만 갔어도 장례가 한참 지난 후에 도착할 것이기 때문에 엄마에게 미안하다는 말만 반복했다.

그리고 나는 삼 일을 더 아팠다. 도저히 일어날 수가 없었다. 어느 정도 정신이 들었을 때, 무작정 배낭을 메고 호숫가로 가서 아무 여행사를 찾아갔다.

"제가 지금 너무 아픈데 숙소가 너무 비싸 머물 곳이 없어요. 다 나으면 꼭 당신의 여행사에서 투어를 할 것이니 사무실에서 저를 재워줄 수 있나요?"

여행사 사장은 흔쾌히 수락했다. 그리고 사무실이 아닌 자신의 집으로 날 데려가 재웠고, 숯불에 구운 통 양다리를 내게 건넸다. 나는 양고기를 못 먹는 사람이지만 먹어야 했다. 그래야 살 수 있을 거라고 생각해 손에 양다리를 쥐고 우적우적 뜯어먹었다. 목이 메었다.

며칠 동안 흐렸던 날씨와는 다르게 몸이 가벼워졌다고 느낀 날은 해가 떠 에메랄드빛 호수가 유난히 더 예쁜 날이었다. 살아있다는 것을 축하하기라도 하듯 희미한 오색의 무지개가 그림의 한켠을 장식했다. 그날 아침 나는 바로 마블 동굴을 돌아보는 보트를 탔다. 수년간의 세월에 얼고 녹고 물살에 깎여 파란빛이 도는 마블 동굴을 에메랄드빛 호수와 함께 보고 있으니 살아있음이 정말 벅차 가슴까지 뭉클해졌다.

"나 정말 살아있구나!"

죽을 고비를 넘겼던 요 며칠의 순간은 후에 내가 여행을 추억하게 될 한 가지의 순간이 될 것이라 생각하니 마음도 가벼웠다.

나는 다시, 길 위에 섰다.

¶
오늘은 당신의 남은 인생 중의 첫날이다.
- 영화 〈아메리칸뷰티〉 중 -

#노을,
달 그리고 - 칠레 아타카마

세상에서 가장 건조하고 화성과 가장 비슷한 모습을 가지고 있다는 아타카마는 유난히 태양이 뜨거웠고, 저 멀리 보이는 사막 위에 모래바람과 함께 아지랑이가 일렁여서 묘한 풍경을 연출한다.

이 건조한 땅에서 세계를 떠도는 방랑자답게 하릴없이 시간을 보내며 지내는 한량이 바로 나다.

"그래서 오늘 뭐 먹지?" 또는 "그래서 오늘 뭐하지?"
일상이 되어버린 하루 중의 최대 고민.

단순한 고민들이 차지하는 반나절이 지나면 이 건조한 땅에는 슬슬 밤이 찾아오는데 깨끗한 하늘은 단 한 순간도 배신 없이 핑크색으로 물들고 꽉 차버린 하얀 달이 어둠에 밀려 떠오른다.

"달이 또 금새 차버렸네."

여행이 길어진 이후로 달력을 보는 횟수가 줄었다. 대략적으로나마 달을 보며 어느 정도가 지났구나 예측할 뿐 날짜나 시간은 무의미하다. 확실히 열심히 살 때와는 다른 느낌. 이토록이나 여행이라는 녀석은 사람을 참 본능적이게도 만든다.

여행을 하면서 가끔, 살아보겠다고 치열하게 살던 예전이 생각난다. 그땐 본능이라는 것을 참아가며 "어떻게 하면 잘살 수 있을까?"를 머릿속으로 되뇌이면서 참 열심히도 살았다. 물론 한량 같은 지금을 열심히 살지 않는다는 이야기는 아니지만.

여행을 하면서 노을이 이렇게 예쁘다는 것을, 그리고 내가 그것을 보며 감탄할 수 있다는 것을 알게 되고, 풍족하지는 않은 삶이지만 엄청난 만족을 하고 있어서일까.

커다란 십자가가 있는 언덕에 올랐다. 희미하게 보이는 화산 위로 밝게 차오르는 둥그런 녀석이 보인다.

"오늘도 달이 예쁘네."
밤이 깊어간다.

인간을 지배하는 것은 운명이 아니라 자신의 마음이다.

- 루스벨트 -

경험만큼 나를 성숙하게 만드는 것은 없다

여행에서 내게 제일 컸던 건 경험이었다. 아무리 풍족한 여행이 좋다지만, 청춘이기에 용기만으로 떠나와 돈 주고도 살 수 없는 경험을 한다. 나는 여행 중에 핸드폰을 잃어버리고, 큰 배낭을 잃어버렸으며, 죽을 듯이 아팠던 게 두 번, 길을 잃어 물이 점점 차오르는 바다를 배낭을 머리에 이고 건넌 것이 한 번이었다. 산에서 길을 잃은 적도 있고, 캠핑하다가 쫓겨나는 등 한국에 있었다면 겪지 못할, 아니 겪지 않았을 일들을 적지 않게 경험했다. 즐거이 받아들이고 싶어 받아들였던 이 경험들은 내가 평생 살면서 가끔 웃으면서 기억하는 단순한 추억이 아니라 그때 포기하지 않고 여행을 계속했기에 성장할 수 있었던 소중한 발판이 된 것 같다.

모든 일들은 여행 중에 일어나는 일상적인 일이다. 두려워하지 말라.
그 수많은 경험으로 우린 성장할 것이다.

세계는 한 권의 책이다.
여행하지 않은 사람은 그 책의 한 페이지만 읽은 것과 같다.
- 세인트 어거스틴 -

2년간 세계 여행 경비는 900만 원

여행에 있어 돈의 가치는 불가피할 정도로 중요하지만 그리 비중을 두지 않았으면 한다. 시간은 돈으로 살 수 없으니까. 돈을 쓰지 않는다고, 혹은 돈을 많이 쓴다고 해서 여행 안에서 경험할 수 있는 게 적지도 많지도 않다. 각자의 스타일이겠지만 양쪽 다 장단점은 있을 것이다.

사정이 어렵다고 하고 싶은 일을 포기하지 말라는 말이다. 길바닥에서 자면서 옷은 두 가지로 돌려 입었고, 얼굴은 새까맣게 탔으며 때때로 배고픈 일이 잦았다. 비싼 바보다는 길에서 살아가는 사람들과 함께 싸구려 와인을 마시고, 사진을 팔아 여행하는 하루살이 인생의 연속이었지만, 그럼에도 불구하고 여행하는 순간은 세상을 다 가진 만큼 행복했다. 지금 할 수 있는 여행은 가난해도 괜찮은 그런 여행이니까.

어떠한 것으로도 일반화시킬 수 없는 것이 여행이며 사람들은 각자의 스타일대로 여행을 한다. 편하게 다닌다고 해서 여행이 아닌 것도 아니고 개고생을 한다고 해서 여행인 것도 아니다. 하지만 중요한 것은 돈이라는 것에 너무 연연해하지 말라는 것이다. 물론 넉넉하고 풍족한 경비로 여행을 하면 여행 자체가 풍요로워지겠지만 설사 가난한 배낭여행자의 신분이라 하더라도 무엇과도 바꿀 수 없는 경험과 추억을 가질 수 있는 것은 팩트다.

망설이는 그대들이 한 번쯤은 젊음이라는 무기로 뭐든지 해봤으면 한다.

무거운 배낭도 무릎이 튼튼해야 메고 오래 걸을 수 있고, 조금 배고프더라도 참을 수 있는 것.

이 세상의 그 무엇과도 바꿀 수 없는
청춘의 가장 큰 무기는 젊음이라는 패기다.

청춘은 여행이다. 찢어진 주머니에 두 손을 내리꽂은 채
그저 길을 떠나도 좋은 것이다.
- 체게바라 -

마음으로 담았으니까 괜찮아 - 볼리비아 수크레

볼리비아에서는 지대가 높은 탓에 몇 번이고 구름 위를 달렸다. 그리고 하늘과 제일 가까운 곳에서 별을 맞이하고 달을 안았다. 그만큼의 추억과 그만큼의 사진도 엄청나게 남았다. 사실 그 모든 것들을 나는 눈으로 담고 가슴으로도 담았다.

북적북적한 시장에서 소매치기의 손을 따라간 핸드폰과 메모리카드가 사라져 바보처럼, 실연한 사람처럼 아무것도 하기 싫다고 불만스럽기 짝이 없는 하루하루를 보낸 지 보름이 지났다.

'언제까지 이럴래?'

아무것도 하고 싶지 않아 넋이 나간 스스로에게 물었다.

'살고 싶어서 나온 여행이잖아, 정신차려!'

번쩍 정신이 들었다.

다시 보름달이 떴고, 여전히 하늘의 별은 반짝인다.

잊고 있었다.

눈으로, 가슴으로 담은 그 모든 것들은 아직 내게 남아있다는 것을.

훌륭한 여행가들이 흔히 그렇듯이,

나는 내가 기억하는 것보다 많은 것을 보았고,

또한 본 것보다 많은 것을 기억한다.

- 벤자민 디즈렐리 -

#하늘을 담은 소금사막 우유니 - 볼리비아 우유니

“10초간 눈을 감아봐.”

하나, 둘, 셋, 넷….

“자 이제 떠!”

하늘 위에 길게 늘어진 은하수가 이어져 내 발 밑을 지나가고 있다. 찰방찰방하게 차 있는 물 위로 밤하늘이 그대로 반사되어 우주에 서 있는 것 같은 기분이다.

여태껏 본 적 없는 세상을 만나러 참 오랜 시간을 여행해 드디어 이곳에 온 보람이 있다. 4,000m 고산 지대에 위치한 소금사막. 하루 종일 내 마음을 설레게 하는 우유니다. 매 순간 감탄사가 터져 나왔다. 도저히 사진으로는 다 담기지 않을 정도다.

“꿈꾸고 있는 것 같아.”

“나도 그래.”

태어나서 처음으로 이렇게 새하얀 세상 위에 서 있는 우리는 그저 신이 나서 숨이 차는 것도 모른 채 하얀 사막을 팔짝팔짝 뛰었다. 하늘과 하늘 사이, 아니 정확히 말하면 하늘과 소금사막 사이지만 가장 큰 거울이라는 수식어에 걸맞게 이 소금사막은 그 위에 서 있는 우리도 담아냈다.

새하얀 한낮이 지나면 하늘로부터 물든 빨간색이 물감이 번지듯 나를 지나 수평선까지 빨갛게 만들고, 밤이 되면 별 바다를 만들었다. 시간마다 다채로운 색을 내보여서 단 한 순간도 한눈을 팔 수가 없었다. 언제 죽을지는 모르지만, 죽기 전에 이곳에 온 것을 정말 다행이라 생각했다.

많은 이들이 이곳을 꿈꾸며 남미를 왔다고 했다. 각자 다른 곳에서 왔지만 같은 꿈을 가지고 온 우리는 이 엄청난 풍경에 감탄을 쏟아냈고 수많은 사연의 우유니는 하늘과 제일 가까운 곳에서 그렇게 빛이 난다. 이 아름다운 것들을 보고 언젠가 한국에 돌아가면 이것들을 추억하면서 잘 살 수 있을까 생각해본 적이 있는데, 아직도 잘 모르겠다.

그러기엔 너무 사무치게 보고 싶을 것 같아서.

¶

자연과 영혼의 결혼은 지성과 풍요,

그리고 훌륭한 상상력을 가져다 준다.

- 소로 -

성장통

여행을 하면서조차도 미래에 대한 불안감 때문에
수많은 생각이 자주 내 머릿속을 어지럽혔어요.

"이러고 있을 때가 아냐!"
"한국에 가면 뭘 하지?"

다가오지도 않은 그 미래를 걱정할 때면
마음이 조급해져 억지로 무언가를 해내려고 했어요.

자책감과 자괴감에 휩싸여 불완전한 나를 부정하고
인정하지 않으려 애를 많이 썼던 것 같아요.

이런 성장통들을 겪으며 한 가지 꿈이 생겼어요.

"나는 나로 살고 싶다"는 꿈이요.

당신이 두려워하는 일을 매일 하라.
- 엘리너 루스벨트 -

대가 없는 호의는 없어 - 볼리비아 라파즈

볼리비아 라파즈에서 잘 곳을 구하지 못했다. 유럽이라면 대충 밖에서 어떻게 잤겠는데, 우중충한 도시 분위기가 영 끌리지가 않았다.

이럴 땐 뭐든 해보는 게 답이다.

와이파이가 되는 카페를 찾아 커피를 한 잔 시켜놓고 라파즈에 있는 한식당을 찾았다. 세 군데 정도가 나왔는데, 그중 정원이 있는 식당을 찾아냈고 무작정 그곳으로 달려갔다.

블로그에서 본 바로는 이 식당이 위치한 곳은 대사관도 있고 볼리비아 내에서 꽤 산다는 사람들이 사는 라파즈의 강남 같은 곳이라고 했다. 높게 쳐진 펜스를 기웃거리다 정원이 넓게 있는 것을 확인하고는 벨을 눌렀다.

"안녕하세요?"

"네 무슨 일이세요?"

"혹시 저녁에 식당 일을 도와드리고 정원에서 텐트를 치고 잘 수 있을까요?"

무뚝뚝하신 사장님은 몇 번을 고민하더니 이내 고개를 끄덕이셨다.

"일 열심히 해야 해!"

"감사합니다!"

여행을 시작한 지 1년이 넘어서니, 이제는 꽤 능청스러워지며 부탁할 때도 당당하다.

아침 일찍 라파즈 시내를 돌아보고, 늦은 오후부터는 가게에서 일을 도왔다. 최대한 피해를 끼치지 않게 한식당을 찾는 손님들에게 웃으며 서빙을 하고 설거지를 돕고, 가게 마감이 끝나면 정원에 텐트를 쳤다. 돈을 받는 것은 아니었지만 집의 한켠을 내어주시는 것만으로도 정말 감사했다.

몇 분의 손님들이 나의 여행 사연을 들으시고는, 몇 번이고 식사에 초대를 해주셔서 함께 식사를 했고, 나는 그렇게 해외에서 나라를 위해 고군분투하시는 분들과 이야기를 나누게 되었다. 그런데 초대에 응한 것이 화근이었다.

"오늘 한글 학교 교장이 너 보러 올 거야. 족발 먹고 싶다고 하고 소주 많이 마셔."

여행을 하면서 나를 도와주는 사람이 많아 기분이 좋다는 내게 아빠가 한 말이 떠올랐다.

"딸, 대가 없는 호의는 없어. 꼭 명심해."

아뿔사!

내게도 그 순간이 드디어 온 것이란 말인가?

물론 사장님은 악의는 아니셨겠지만, 결국 돈을 버는 도구로 내가 사용돼야 하는가에 대해 엄청난 회의감이 들었다.

며칠을 나는 한식당에서 제일 비싼 메뉴를 먹고, 소주를 엄청나게 들이 부은 후에야 잠에 들었다.

"사장님 그동안 감사했어요, 내일 떠나겠습니다."

"왜? 오늘도 코이카 사람들이 네게 밥을 사주러 온대."

아침이 돼서 몇 번을 속을 게워내고 나서 어렵게 꺼낸 말이었는데 참 마음이 씁쓸했다.

"내일 떠나야 할 것 같아요. 오늘까지는 일 도울게요."

여기서 끊어내지 못하면 며칠이고 질질 끌려다닐 것 같아 단호히 말씀을 드리고는 집을 나섰다.

찬 공기가 그득한 라파즈 시내를 관통하는 케이블카를 타고 고산 지대에 빽빽하게 들어선 마을과 빨간 돌산 언덕 몇 개를 지나 버스 정류장에 도착했다.

"티티카카 호수로 가는 버스표 한 장이요."

그래서 나는 오늘도 로컬 버스를 탄다 - 볼리비아

내 행선지로 가는 버스가 버스 터미널에서는 4,000원, 조금 더 언덕으로 올라간다면 3,000원에 현지인들만 이용한다는 얘기를 듣고 1,000원이면 밥이 한 끼니 내게는 선택권이 없다는 핑계로 로컬 버스로 향했다.

늘 이유는 간단하다.

비가 부슬부슬 내리고, 라파즈에서 가장 아름다운 공동묘지라는 세멘테리오 광장을 지나 기본 삼십 분은 늦는 로컬 버스를 기다린다. 빽빽한 현지인들 틈에 섞여 풍겨오는 시골 냄새가 낯설지 않다.

내 앞 좌석엔 일가족 네 명이 두 명 자리에 꼭꼭 끼어 앉았다. 나는 엉덩이가 큰 게 미의 기준이라는 볼리비아 여자들의 거대한 몸집 사이로 불편하게 앉았다. 정원이 사십 명인 차에 팔십 명을 꽉꽉 채워 닭장 같은 일명 '치킨버스'를 나는 매번 택한다.

로컬 사이에 끼어 앉아 열 시간을 꼬박 달리면 자리가 비좁아 조금은 불편하기는 해도 때때로 로컬들은 간식을 내밀거나 사투리 가득한 스페인어로 "치니따~"라며 깔깔대며 웃거나 함께 사진도 찍고 휴게소마다 들러 서로의 짐을 지켜주기도 한다. 나는 이런 게 재밌고 신나 사람 냄새를 따라다니는 여행을 하는 게 내심 좋다.

그래서 나는 오늘도, 로컬 버스를 탄다.

¶

쾌락은 우리를 자기 자신으로부터 떼어놓지만,

여행은 스스로에게 자신을 다시 끌고 가는 하나의 고행이다.

- 카뮈 -

공중 도시, 그곳으로 가는 길 - 페루

쿠스코에서 마추픽추를 향해 가는 방법은 여러 가지가 있는데 걷거나 기차를 타거나 콜렉티보(페루 현지 교통 수단)를 타고 가는 방법이 있다. 나는 기찻길을 따라 걸어가는 방법을 선택해서 큰 배낭을 쿠스코 숙소에 맡기고 작은 배낭에 텐트 하나만 달랑 지고 마추픽추가 있는 오이안땀보를 향해 걸었다.

뭔가 자극적인 게 필요했다. 근래에 계속 계획과는 어긋나는 일들이 생겨서 뭔가 새로운 걸 하고 싶은 마음이 굴뚝이다.

가까운 듯 멀리 보이는 설산은 늘 경이롭고 흔들리는 갈대들은 청초하다. 빙하가 녹아내린 물이 흐르는 강의 물을 한입 떠다 먹고 파란 하늘을 걷는다.

굽이굽이 산길을 넘고 강을 몇 번이나 건넜는지 모르겠다. 한 시간에 한두 대쯤 마추픽추로 향하는 기차가 지나갔는데 그 기차가 지나갈 때마다 손을 흔들었다. 기차에 있는 그들이 부러웠지만 스치듯 빠르게 지나가는 이 풍경들을 나는 온몸으로 느끼고 있으니까 그들도 나를 부러워할 거라고 생각하면서.

늘 생각하는 거지만 해는 정말 빠르게 진다.

어두컴컴한 산길을 걸어가자니 무섭기도 하고 이미 20km를 훌쩍 넘겨 지쳐있는 상태로 더 가는 건 의미가 없겠다 싶은 찰나에 간이역 하나가 보였다.

텐트를 치려 두리번거리는데 깨진 유리창 사이로 퀘퀘한 마리화나 냄새가 코를 찌른다. 잘까 말까? 열 번도 넘게 고민을 하는데 우리를 향해 사납게 짖어대는 개들 사이로 문 앞에 서서 잘린 두 손으로 가만히 응시하고 있는 남자가 보였다.

분위기상 모든 것이 무서웠다.
이곳에서 잔다면 쥐도 새도 모르게 죽을지도 모른다는 생각이 들었지만 더 갈 수도 없었다.

"까르파?"
손으로 텐트 모양을 만들며 이곳에 텐트를 쳐도 되겠냐고 묻자 고개를 끄덕이는 남자를 보고는 주변을 둘러 평평한 곳에 텐트를 치고 곧 잠에 빠졌다.

"쉿!"

낯선 이가 자고 있는 텐트를 향해 짖는 개를 달래는 소리에 기분 좋게 잠이 깼다. 밤새 이 깊은 산중에서 무슨 일이라도 나면 어쩌나 싶어 선잠을 잔 탓에 잔뜩 부어버린 눈을 비비며 일어났다.

"올라!"

평범한 마을을 오해했나 싶어 멋쩍게 등교 기차를 기다리며 내 텐트 주변을 배회하는 아이들에게 인사를 했더니 도망가버린다. 그리고는 곧 검은 연기를 내뿜으며 정차한 기차에 올라타고 나서야 나를 향해 손을 흔들었다.

간밤의 오해가 창피해 서둘러 마추픽추를 향해 출발했다.

바람도, 해도 모든 게 적당했던 좋았던 그 날,

나는 신비스러운 마추픽추를 품에 안았다.

"사진 찍어도 되나요?"

그녀는 뒤에서 조그맣게 말하는 내게
고개를 끄덕이며 작은 미소를 지어 보였다.
남미에서 원주민들을 카메라에 담기란
사진을 찍으면 영혼이 빠져나간다고 생각하는 일로 인해
꽤나 까다로운 일이었다.
마추픽추를 향해 걷다 길에서 만난 어떤 그녀를
나는 그렇게 카메라에 담았다.
그녀의 미소를 카메라에 담은 그날은
하루 종일 기분이 좋은 날이었다.

낯선 사람에 의해 행복해진 하루를
그대들에게 선물할게요.

Mama, I don't wanna Die - 에콰도르

"괜찮아 괜찮아 괜찮아 괜찮아…."

입에서는 쉴새 없이 스스로에게 하는 울음 섞인 다독임이 튀어나왔다. 다독임이 아니라 거의 세뇌 수준이다.

에콰도르 바뇨스, 세상의 끝 그네(에콰도르 바뇨스의 명물)를 타고 걸어 내려오다 보면 그 시각에 보이는 도시가 예쁘다는 소리를 어디선가 주워듣고는 해가 저물 무렵에 맞춰 혼자 산을 걸어 내려온 게 화근이었다.

비가 온 다음날이라 진흙에 다리는 푹푹 빠지고, 나무가 잔뜩 우거진 숲에서 자란 풀들은 내 허벅지를 한없이 스쳤다. 야속한 해는 금새 저물어서 어둑어둑해지고 핸드폰 배터리도 얼마 남지 않아 미끄러지고 일어서고를 반복하며 주변 차 소리와 희미한 가로등 불빛을 등대 삼아 무서움을 삼키며, 살기 위해 불빛을 향해 걸었다. 호스트가 했던 말이 생각났다.

"산에 퓨마가 살아. 위험하니까 어두워지기 전에는 꼭 내려와."

어둠이 더 짙어질수록 마음이 급해졌다.

"어쩌면 난 여기서 죽을지도 몰라."

칠레에서 아팠던 이후로, 두 번째.

이렇게 죽을 고비는 내가 생각지도 못한 순간에 닥친다.

한국에서의 일들이 주마등처럼 스쳐 지나갔다. 무슨 부귀영화를 누리겠다고 나는 이리 여행을 나왔는가 하는 원망도 함께 섞이며 어디선가 튀어나올지도 모르는 퓨마에게 당해 여기서 죽을 수도 있겠다는 생각마저 들었다. 산속을 한참을 헤맸다. 얼굴은 눈물, 온몸은 땀범벅이었다.

얼마나 헤맸을까?

어디쯤인지는 모르겠으나 저 멀리 불이 켜져 있는 외딴집을 발견하고는 나를 향해 짖는 개들 때문에 멀찌감치 서서 "거기 누구 없어요? 제발 저 좀 도와주세요."라고 소리쳤다.

잠옷 차림으로 뛰쳐나온 집주인을 보자 괜한 안도감에 엉엉 울어버렸다.

밤이 늦은 시각 여자애가 집 앞에 서서 울고 있으니 집주인인 그녀도 깜짝 놀랐을 것이다. 그녀는 근처 식당 사장님에게 퇴근할 때 날 데리고 산을 내려가라고 부탁하며 나를 토닥였다. 산을 내려오는 길, 사장님의 트럭 뒤에 앉아 '오늘도 살았다'는 안도감을 내쉬며 이렇게 위험하고 언제 죽을지도 모르는 순간은 내게 예고도 없이 찾아오니, 하루하루를 행복하게 잘 살아야겠다고 다짐하며 타운으로 돌아왔다.

WHY TRAVEL?

죽음을 맞이하는 순간이 왔을 때

내가 살았던 삶이 정말 행복했었다고

이제 삶을 마무리해도 후회는 없다고

단 한 순간이라도

내 삶이 빛날 수 있어서 다행이었다고 말하고 싶어서

그래서 여행을 떠나왔다고….

천국 - 갈라파고스

그토록 바라던 갈라파고스에 입성했다.

사실, 여행을 떠나기 전 내 꿈은 스쿠버다이빙 강사였다. 바다를 누비는 게 좋고 고요한 바닷속에 있으면 세상 평화를 다 얻은 것 같아 전 세계의 바다를 누비고 돌아오겠다는 작은 포부도 있었다.

동태평양의 외딴섬으로 진화론에 엄청난 영향을 준 갈라파고스라 배낭여행자에게는 꽤 부담되는 엄청난 물가를 잔뜩 걱정했다.

갈라파고스는 그야말로 천국이었다. 수산 시장에는 바다사자들과 펠리컨들이 생선을 받아먹으려 모여들고 바닷가에는 거북이와 바다사자들이 사람들과 어우러진 곳이 바로 여기다.

'갈라파고스, 갈라파고스 할만 하구나'라고 생각했다. 그곳에서 만난 동행들 또한 이 장소만큼이나 으뜸이었다. 카우치 서핑 호스트를 구하지 못한 나는 캠핑이 금지된 이곳에서 밤마다 공사 중인 건물이나 숲으로 숨어들어 텐트를 치고 잠을 청했고, 100원 정도

하는 빵과 3천 원짜리 곱창으로 끼니를 때웠다.

갈라파고스 여행은 정말 힘들었다. 매일이 배고프고 덥고 피곤하기 했고, 잠을 자다가 쫓겨나 밤바다를 보며 밤을 지새운 적도 있다. 길거리 음식을 사먹고 배탈이 나서 하루 종일 고생하고 노숙하다가 모기에 잔뜩 뜯긴 영광의 상처는 아직도 내 종아리에 남아있다. 그렇게 아낀 돈들은 모두 내가 이곳에 온 이유인 스쿠버다이빙에 쏟아부었다. 흔히들 말하는 개고생이나 다름 없었지만 그곳에 내가 있다는 것만으로도 견딜 만했다.

갈라파고스는 내게 정말 많은 것들을 보여줬다. 어두운 바다 속은 망치상어떼와 바다를 날아다니는 이글레이들이 넘쳐났다. 길을 걷다가 바다사자들이 우는 쪽의 바다로 뛰어들어 함께 수영하고 밤이면 제일 싼 맥주 하나를 손에 들고 그곳에서 만난 동행들과 여행 이야기로 밤을 지새웠다. 가난한 배낭여행자의 신분이라는 것 빼고는 모든 게 완벽한 환경을 가진 갈라파고스는 내가 꿈꿔오던 천국과 다름 없었다.

꿈이라는 게 있다는 건 참 행복한 일이다.
존재 자체만으로도 행복했던 나의 그곳에서-

¶

우리는 목적지에 닿아야 행복해지는 것이 아니라

여행하는 과정에서 행복을 느낀다.

- 앤드류 매튜스 -

떠나도 괜찮아

여행이란 단어가 그리 무겁지는 않은데 혼자 떠나는 여행은,
두려움의 대상이 되어 그 문턱을 넘기까지가 수능 시험만큼이나 어렵다.

대부분의 사람들이 그 시작 앞에서 망설이고, 뒤돌아선다.
직장, 미래, 나이, 안정, 가족 등의 정말 현실적인 것들을 두고.

막상, 여행을 시작하는 순간
두려움은 뜨거운 여름날의 아이스크림처럼 마침내 달콤한 맛을 선사한다.

떠나기 전엔, 누구나 다 두렵지만
떠나고 나면, 결국엔 아무것도 아니다.

그러니 괜찮다. 그대가 두려움의 선을 넘어 한 발자국을 내디뎌도.

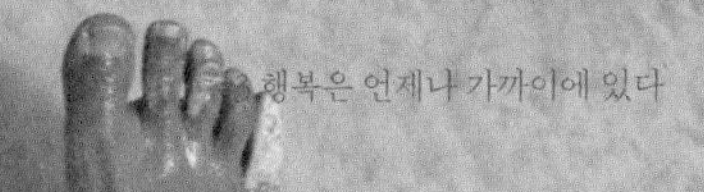

내 배낭을 돌려줘 - 베네수엘라 메리다

"어어어어! 안 돼 가지마!"

원래대로라면 버스 정류장 어느 한켠에서 밤을 샜겠지만, 경제가 무너진 나라에서 그렇게 밤을 보내기엔 위험 부담이 너무 컸다. 자정 즈음에 도착한 탓에 현지인들과 택시를 합승했는데, 내가 마지막 손님이었다. 목적지에 다다라 택시 밖으로 한 발자국 내놓는 순간 엄청난 속도로 택시는 나를 밀쳐내고 홀연히 사라졌다.

그렇게 나는 배낭을 잃어버렸다.

비 오는 토요일, 새벽 두 시, 어두컴컴한 시내, 추적추적 내리는 비를 맞으며 마리화나 냄새가 퍼지는 거리의 철창이 쳐진 어느 호스텔 문을 두드렸다. 대책은 없었다.

남미 내에서 현재 가장 치안이 좋지 않은 나라에 죽을 고비를 무릅쓰고 들어왔기 때문에 나는 스스로에 대한 자책을 해야만 했다.

"문 좀 열어주세요!"

경제가 무너져 치안이라고는 찾아볼 수 없는 베네수엘라라는 악명답게 삼십 분이나 문을 두드리고 나서야 철창이 쳐진 작은 문으로 눈만 내놓고 빼꼼히 나를 쳐다보는 주인.

"가방을 잃어버렸어요, 제발 들여보내주세요."

나는 울기 직전이었지만, 그는 아랑곳하지 않았다.

"돈 있어?"

"돈 낼 테니까 제발 들여보내주세요. 여기 너무 위험한 것 같아요."

자물쇠로 굳게 잠가 놓은 문이 열리고 겨우 나는 그 안으로 몸을 들였다.

호스텔이라는 말이 무색하게 어두침침하고 여기저기서 신음이 들려오는 그 복도에서 손을 덜덜 떨며 이 나라 여행을 계속할지 말지에 대한 고민으로 밤을 지새우며 눈물만 뚝뚝 흘렸다.

"지금 베네수엘라에 계시는 분이 있다면 도와주세요."라고 페이스북을 통해 글을 올렸지만, 이미 여행자들은 베네수엘라를 다 떠난 모양이다.

“계속 여행을 해야 할까, 아니면 다른 나라로 바로 넘어갈까?”

왜 내게 이런 일이 일어나는지 나는 이해할 수 없었지만, 결국 또 내가 해결해야 하는 스스로의 숙제였다.

그나마 다행이었던 건 앞으로 메고 있던 작은 가방에 여권과 카메라, 환전한 돈의 일부가 들어있었기 때문에 짧은 고민 이후, 나는 여행을 계속하기로 결심했다. 배낭을 잃어버린 일쯤은 그저 여행 중에 일어날 수 있는 일일 뿐이며 지금 포기하면 나는 한국에 돌아가도 어려운 일이 생기면 포기하게 될 것만 같았다.

베네수엘라에 온 이유를 다시 한 번 곱씹었다.

‘그래! 여행을 계속하자.’

아직 작은 가방 가득 들어있는 수천 장의 지폐와 여권이 있었다.

그 일이 있고, 한 달이 조금 넘게 흘렀다.

필요한 것은 대부분 빌려서 쓰거나 없으면 없는 대로 여행을 계속했다. 무소유에 왜 사람들이 열광하는지 알 것 같기도 했다.

내가 살아있다는 것만으로도 모든 것은 충분하다.

목숨은 부지했으니 그게 내겐 최고의 행운이니.

베네수엘라 사람들은 부패한 정치에 점점 더 난폭해져 가고 있었다. 도로를 막고 불을 질렀으며 먹을 게 없어 말라갔고, 정부에서 수시로 전기와 물을 통제해 무법 도시나 다름없었다.

'사람들이 말하는 남미란 게 이런 건가?'

왠지 이런 것들을 사람들이 상상하며 남미는 위험하다고 말하는 것이라고 생각했다.

위험한 상황이 올 땐, 이곳에 사는 현지인을 믿어야 한다고 생각했기 때문에 베네수엘라에서는 어려운 상황에도 불구하고 내게 카우치 서핑을 내어주는 호스트들과 함께 지냈다. 열악한 환경이었지만 그들도 살기 위해 고군분투하고 있었다.

운이 좋게도 지역을 이동하면서 버스를 검문하는 군인들은 내 소지품 속에 숨겨둔 100달러짜리를 보고도 그냥 넘어가주었고, 어떠한 이들은 이 무법지대를 여행하는 이방인에게 좋은 추억이라도 주려고 노력했다.

나는 별 탈 없이 베네수엘라를 여행하며 버킷 리스트였던 로라이마산에 올랐다. 이 산에 오려고 이 개고생을 했나 싶어서 가슴이 몽글몽글해졌고, 내 발 밑의 구름들에 나쁜 추억들을 다 흘려보냈다.

위험했고 늘 긴장해야 했던 시간들이었지만, 배낭을 잃어버린 것쯤은 그저 그럴 수도 있는 일들이 될 만큼 사람과 자연으로 채워나갔다.

"이게 나의 여행이다."

¶

소중한 것을 깨닫는 장소는

언제나 컴퓨터 앞이 아니라 파란 하늘 아래였다.

- 다카하시아유무 -

#남미 최북단을 향하여 - 콜롬비아 푼타가이야나스

"돈을 내지 않으면 이 곳을 지나갈 수 없어"

남미 최북단으로 가는 길목을 막는 사람들이 있다. 어른부터 아이까지 너나 할 것 없이 나와 길을 막고 돈을 요구한다.

기사는 귀찮은 듯이 창문을 열어 돈을 내던지자 사냥이라도 하듯 돈을 향해 달려드는 아이들. 이곳은 베네수엘라와 콜롬비아 국경에 위치한 남미 최북단으로 가는 길이다.

참으로 척박하다. 기사에게 사정을 물으니 식물이 자라기도 힘들고 물이 나오지도 않는 지역에서 사람들이 살아간다고 했다. 그들이 이곳에 정착한 이유는 모르겠으나….

마음이 좋지 않다. 나라마다의 빈부 격차를 경험하면서 안타까운 마음이 드는 건 어쩔 수 없나 보다. 와유족이라고 하는 이들은 '모칠라백'이라고 하는 화려한 백을 짜서 판매를 하는데 이들이 한 달

내내 노동해서 하나를 만들어내면 받는 가격이 한화로 18,000원 정도. 그것을 유럽이나 한국 등지로 가져오면 20-30만 원에 거래가 된다. 조금 더 이들에게 돌아갈 수는 없는 걸까 생각했다.

척박한 땅을 달려 첫 사막을 옆에 둔 캐리비안해를 마주했다. 사막과 바다라니, 언제나 이 조합은 신선하다. 흐릿한 에메랄드빛 바다에 홍학이 서 있고 해가 참 붉게도 떨어졌다. 이곳에 온 프랑스 친구들과 함께 빈 건물에 대충 해먹을 달아 누웠다.

이제는 참 이런 것들이 익숙해졌다. 여행 초반에는 이렇게 자는 것을 상상도 하지 못했는데 이제는 아무렇지도 않게 아무 곳에나 누워 잠을 잘 청한다고 생각하니 여행의 힘이란 참 대단하구나 생각하며 밤을 보냈다.

최북단은 척박하기 그지없었지만, 특별하게 무언가를 하지 않고 함께 있는 사람들과 술을 마시고 노래를 부르고 수영을 하며 지냈다. 여행이 길어질수록 소소한 일상이 되어가는 듯하다. 밤이면 파도 소리에, 아침이면 아침 햇빛에, 더우면 바다로 뛰어들면 되고, 배가 고프면 서로 가진 음식을 나눠 먹고 해먹에 누워 바람 소리를 듣고 하릴없는 일상을 보내면 되었다.

소유에 대한 욕심이 사라지고 본능에 충실하게 된달까?

있으면 있는 대로, 없으면 없는 대로 살아지는 것이 여행이더라.

¶

행복하게 여행하려면 가볍게 여행해야 한다.

- 생텍쥐베리 -

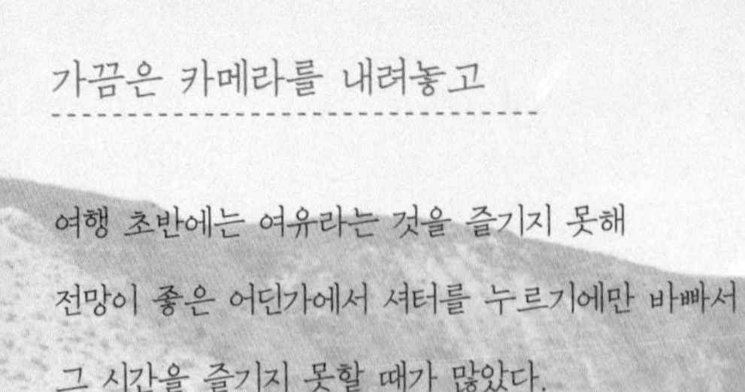

가끔은 카메라를 내려놓고

여행 초반에는 여유라는 것을 즐기지 못해
전망이 좋은 어딘가에서 셔터를 누르기에만 바빠서
그 시간을 즐기지 못할 때가 많았다.

여행조차도 무료해질 순간이 왔을 때부터인지
내 눈에 보이는 구름, 바람, 풍경
이 순간을 지배하는 모든 것들을
조금 더 마음으로 보기 시작했다.

가끔은 카메라를 내려놓고 눈으로, 마음으로 담아내는 것
꽤 괜찮은 일이다.

#문명과 비문명의 사이 - 니카라과

"하나짱, 여기 네가 참 좋아할 것 같아."

"뭔데 뭔데?"

"바다거북을 사냥하는 마을인데 아마존 같은 곳이야."

다합에서 만났던 케이타를 우연히 콜롬비아에서 다시 만났을 때 케이타는 내게 사진 한 장을 보여줬다. 낚시에 미친 여행자인데 결국 낚시를 하러 그 먼 곳까지 들어갔다 왔나 보다. 니카라과의 블루필이라는 곳의 근처, 물어물어 이곳까지 왔건만 가는 길이 영 쉽지 않다. 돌아서 배를 타고 갈 수는 있지만 30달러나 하는 바람에 표지판 하나 없는 비포장 도로에서 히치하이킹을 시도했다. 나는 보통 히치하이킹을 할 땐, 그 자리에 있지 않고 목적지를 향해 걸어가면서 히치하이킹을 하는 편인데 저 멀리서 차가 오는 소리가 들리면 손을 흔든다.

"여기요 여기!"

흙먼지를 일으키며 바삐 지나가는 트럭 한 대가 속도를 늦추더니 빨리 올라타라고 말한다. 무슨 영문인지도 모르고 달리며 배낭을 트럭 안으로 집어던지고 누군가의 손에 이끌려 올라탔다. 어디론가 일을 하러 가는 사람들인 듯 보이는데 수개의 시선들이 내게 와서 꽂힌다. 내 얼굴만 봐도 웃긴지 연신 웃어댄다. 하긴 그도 그럴 것이 아마 지금 난 흙먼지투성이일거거든.

"어디로 가니?"
"블루필 위쪽 동네로 가요."

덜컹덜컹거리며 흙먼지를 잔뜩 먹으며 달리기를 5시간 즈음, 해질 무렵 마을에 도착했다. 워낙 으슥한 곳이라 그런지 밤은 역시 무섭다. 대충 하룻밤을 보내고 영어를 좀 할 줄 안다는 알프레도의 집을 물어물어 찾아가 이곳에서 머물러도 되겠느냐고 묻고는 집 안으로 들어섰다.

수상 가옥, 아주 작은 전등 하나. 그리고 다섯 명의 아이들과 부부. 아이들은 자신들과 다른 내 모습이 어리둥절한지 아빠 뒤에 숨어서 빼꼼히 쳐다본다.

"화장실은 어디야?"
"그냥 집 밑으로 가서 볼일을 보면 돼."

또 새로운 환경이 시작됐다. 이 마을 사람들은 옷만 입고 있지 거의 원주민이나 다름없는데 100명 정도 사는 마을에서 한 집에 아이가 보통 네다섯. 알프레도의 고등학생인 큰딸도 이미 아이가 둘이 있는… 뭐랄까, 동물의 왕국이랄까. 종족의 번식은 마을 안에서 해결하는 것으로도 충분하다고 알프레도는 말한다.

매 순간이 충격의 연속이었다.

난 정말 원주민들과 있으면 잘할 수 있을 것이라고 생각했는데, 이곳은 조금 다르다. 옥수수 가루 한 봉지를 잘 반죽해 아주 조금의 기름으로 구워 먹는 것이 이 곳의 일상적인 식사이며 우유를 짜는 날이 오면 소를 키우는 이웃에게 달려가 통을 내밀고 우유를 받아온다.

고작 세 살짜리 아이가 갓난쟁이를 어르고 또 고작 여섯 살짜리가 세 살짜리의 머리를 쓰다듬는다. 마을 곳곳에는 오물이 널려 있지만 누구도 개의치 않는다. 마을 주민의 대부분은 낮에 낚시를 하거나 나무를 하며 지내고, 여자들은 집안일을 하고 아이들을 돌본다. 해 질 녘 즈음에는 여자들이 천 하나만 달랑 걸친 채 아이들을 데리고 만으로 걸어 들어가 목욕을 하며 그 자리에서 빨래를 하고 양치질까지 끝내고 나왔다. 나도 몇 번을 도전하려고 했으나 차마 순환이 되지 않은 물에서 그리 하는 게 썩 내키지 않았다. 제일 참을 수 없는 것은 매일 밤 마을 남자들이 나를 구경 와서는 한 번씩 쿡쿡 찔러보고 가는 것이었는데, 그것 때문에 이 마을의 분위기상 더 머물 수 없을 것이라 판단했다.

한 달을 생각하고 들어갔지만 도망치듯이 삼일 만에 그 마을을 빠져 나왔다. 분명 그들에게는 평화로운 마을이지만 내가 너무 문명에 찌들어 버린 걸까. 너무나도 원시적인 모습에 적잖이 당황했고 겁이 나기도 했기 때문이다. 아쉬움과 씁쓸함이 교차했지만, 억지로 머무는 것 또한 날 위한 일이 아니었기에, 아니다 싶을 땐 과감히 떠나는 것 또한 여행이리라. 계획이 잠시 틀어지는 것 정도는 아무 일도 아니니까.

다시 하루가 걸려 조금은 번화한 도시에 도착하고 나서야 나는 안심이라도 하듯 한숨을 내쉬었다. 마을 내에서 가장 싼 호텔을 찾아가 더 싸게 해달라고 사정사정을 했다. 간신히 얻은 하얀 시트가 덮인 침대 방에서 뜨적지근한 물로 샤워를 하고 누우니 그렇게 세상 편할 수가 없다고 문명의 힘이란 이런 거구나- 라고 생각했다.

본 적 없는 세상의 단면의 끝에서.

¶

익숙한 삶에서 벗어나 현지인들과 만나는 여행은

생각의 근육을 단련하는 비법이다.

- 이노우에 히로유키 -

국경에서 보내는 밤 - 온두라스

여덟 시에는 무조건 국경을 넘어야 하는데 이놈의 느려터진 버스는 당최 속도가 나질 않는다. 애가 타서 창밖을 내다보다가 한숨을 푹 내쉬기를 반복한 지 여덟 시간 째, 200km가 채 되지 않는 거리라 4시간이면 도착할 것이라 예상했던 내 잘못일까.

악명 높은 온두라스, 국경이 닫히기 전에 가야 한다.

가는 날이 장날이라 그랬던가. 도로는 공사 중인 곳이 너무 많고 운전기사는 제멋대로다. 운전하다가 커피를 몇 번이나 마시고 담배를 몇 번이나 피는지, 그 모습에 더 애가 탄다.

"대체 언제 도착할 수 있는 거야?"
"곧 도착해."
"곧 도착한다는 말은 이미 다섯 시간 전부터 들었어."
일곱 시 오십 분, 겨우 과테말라로 가는 국경 정류장에 도착했다.

헐레벌떡 가방을 챙겨 뛰었지만, 국경의 문은 이미 굳게 닫혔다.

"지금 여덟 시 오 분인데 도장 그냥 찍어주시면 안 돼요?"

"오늘 꼭 넘어가야 해서 그래요."

"우린 이미 닫았어. 내일 와."

"내일 아침 몇 시에 여는데요?"

"여덟 시"

꼼짝없이 또 국경에서 밤을 보내야 한다. 한두 번 있는 일도 아니지만 느려터진 이 온두라스 자체가 오늘따라 지긋지긋하다.

'할 수 없지….'

지긋지긋하지만 어쩔 수 없는 건 어쩔 수 없는 거다. 무장 군인들에게 떼 써봤자 내게 좋을 건 하나도 없으니까. 빠르게 체념하고 밤을 지새울 곳을 찾았다.

국경 근처라 호텔들이 있지만, 언제나 그랬듯 주인장에게 부탁은 해보자고 호텔들을 순회했다.

"저 혹시 뒤에 마당에서 자도 되나요?"

몇 번을 거절당한 후에 인상이 좋아 보이는 여사장이 흔쾌히 고개를 끄덕였다. 하루 종일 짜증이 났는데 뭔가 운치 있는 호텔 마당에서 잔다니 그냥 기분이 좋아졌다. 마당에 있는 수돗가에서 땀냄새가 풍기는 몸을 대충 씻어내고 침낭을 깔고 구석진 곳에 누웠다.

풀벌레 소리가 가득한 마당에서 어차피 어떻게든 될 것을 알면서 안절부절못하며 짜증을 냈던 스스로가 웃겨 혼자 막 웃어댔다.

아침이 밝았다. 호텔 여주인은 진짜 밖에서 잔 거냐고 깔깔거리며 커피 한 잔을 내어주며 "로까 꼬라아노 부엔비아헤!"(미친 한국인, 좋은 여행해!) 라고 소리쳤다.

마흔 몇번 째쯤의 국경에서.

¶

도착을 하고 나서야 우리가 어디를 향해서 걸어온 것인지 알게 된다.

- Bill Watterson -

그랬으면 해

"우리 지도 확인하고 가자!"

"기다려 봐."

주변을 두리번거려 보이는 가게의 문을 두드렸다.

"여기 가까운 버스 정류장이 어디예요?"

가게 주인은 친절하게도 가게 문 앞까지 나와 오른쪽을 가리키며 버스 정류장 위치를 알려주었다. 나는 늘상 이런 식이다. 여행하는 사람들의 대부분은 스마트폰을 보며 위치를 찾고 스마트폰에 지독히도 의지해 더 이상 길을 묻는 일이나 길을 잃어 전혀 생각지도 못한 장소에 다다르는 것에 대해 거부감을 가지지만, 나는 항상 길을 헤매고 길을 물으며 갑자기 만나는 상황들을 좋아한다.

스마트폰이 내 여행을 대신해줄 수 없다고 생각하기도 했지만 결국 내가 느끼는 재미는 여행에서 그 현지 문화에 녹아드는 것이라고 정의를 내렸다. 모든 것은 각자의 입맛인데 스마트폰의 검색이 모든 것을 만족시켜줄 수 없으니까. 해가 어둠 속으로 떨어질 때 실은 해가 떨어지는 쪽을 등지고 서면 올라오는 핑크빛 하늘을 볼 수 있는 것처럼, 길을 잃어 헤매는 순간에도 놀랄만한 풍경과 사람은 찾아오기 마련이니.

길을 잃었다고 조급해하지 않았으면 해.

우린 더 많은 것을 보게 될 거야.

여행자들의 집 - 멕시코 산크리스토발

"여기 크리스네 집 맞아요?"

"플라워? 와우! 웰컴 투 하우스!"

멕시코 유카탄 주의 산크리스토발에 위치한 카우치 서핑 호스트 크리스의 집에 도착했다. 크리스의 프로필에 게스트 숫자가 맥시멈 10명으로 적혀 있어서 혹시나 했었는데 역시나 각국에서 몰려온 여행자들로 집안이 후끈하다.

"지금 빈 침대는 여기야."

크리스의 집은 주택을 개조해 이층 침대 몇 개를 넣어 호스텔처럼 개조하고 깨끗하게 돌아갈 수 있도록 룰을 만들어 놓았다. 그리고 한쪽 화단에는 마리화나가 그득히 자라나고 있었다.

참 이상하리만치 크리스의 집 대문을 두드리는 여행자들은 공통점이 많았다.

"인생은 한 번뿐이잖아"라고 말하며 꼬질꼬질한 옷을 입고 커다란 배낭을 메고 세계를 떠돌고 있는 가난한 여행자들. 그건 우리 모두가 알고 있는 사실이었기 때문에 우리는 누가 시키거나 말하지 않아도 자율적으로 집을 청소하고 음식을 만들었다. 아침마다 또는 저녁마다 요리 당번을 뽑아 제일 자신 있는 음식을 선보였다.

하루 걸러 하루마다 뜨거운 물이 나왔는데 그때마다 우리는 낄낄대며 게임을 해서 샤워할 수 있는 순번을 정하거나 다음 친구를 위해 데낄라 한 잔을 거하게 들이키고는 찬물로 샤워를 하기도 했다. 그러면서도 좋다며 웃었고, 때때로 아침마다 장에 나가 너나 할 것 없이 흥정을 해서 음식 재료들을 사고, 갓 구워진 빵 하나를 입에 물고 양손 가득 점심이나 저녁거리들을 사와 마당에서 할 일 없이 하루를 보냈다.

우린 가난한 여행자였지만 그랬기에 매일 밤 많은 것들을 공유했다. 돈으로 살 수 없는 모든 것들과 지금 우리가 하고 있는 여행들, 그리고 서로가 가진 인생관과 꿈들에 대해 이야기 나누었다. 깊어지는 밤만큼 우리들의 대화도 깊어졌다.

사실 크리스의 집에 왔던 첫날, 집에 사람이 너무 많아 묵을까 말까 고민했던 순간이 있었다. 하지만 결국 잘한 일이었다. 이곳에 왔기에 나는 국적은 다르지만 나와 같은 이 수많은 여행자들을 만났고, 우리가 걸어가는 길을, 우리의 뜨거운 여행을 나눌 수 있었다고 생각하니까.

언젠가, 우리가 지금 걷고 있는 이 길 위에서 다시 만날 수 있기를 바라.

¶

인생은 흘러가는 것이 아니라 채워지는 것이다.

우리는 하루하루를 보내는 것이 아니라

내가 가진 무엇으로 채워가는 것이다.

– 존 러스킨 –

한 번쯤은

누군가는 여행자로서의 삶을 매우 부러워하겠지만 절대 만만치 않은 삶임을 말하고 싶다. 여행자의 삶은 정말 많은 것들을 포기하고, 내려놓고 나서야 온전히 나를 위한, 내 인생을 위한 것으로 만들 수 있는.

세상 위의 길을 걸어 행복하지만 때로는 힘든 삶이다.

그래도 이 삶을 한 번쯤 살아봐도 좋은 것은 내가 아직 청춘임을, 젊기에 뭐든지 해낼 수 있음을 느끼게 해주기 때문이다.

도전이 있어야 실패가 있다고 했다.
그러니 한 번쯤은 뜨겁게 살아보라.

시간이 멈춘 나라 - 쿠바

쿠바에서는 이상하리만큼 핸드폰을 보지 않는 게 익숙하다. 꼭 시간이 멈춘 곳 같다. 오래된 건물 사이로 빛이 들어오는 것을 시작으로 쿠바의 아침은 분주하게 시작되는데 화려한 올드 카들이 거리로 쏟아지고 사람들은 각자 집에서 만들어낸 간식을 들고 약간의 용돈벌이를 위해 거리로 나서지만 큰 욕심은 없어 보인다.

쿠바 사람들에게 물은 적이 있다.
"이렇게 개방되는 것에 대해 어떻게 생각해?"
"우린 지금으로도 충분히 행복해."

쿠바 사람들을 보며 처음으로 공산주의 국가에서 산다는 것도 나쁘지 않다는 생각을 했다. 그들의 삶 자체가 자유다. 빈부격차와 노숙자가 없다. 국가에서 집과 식량, 그리고 소정의 돈을 주는 것만으로도 최소한의 삶에서 최대한의 행복을 느끼고 있는 것을 보니.

어둠이 찾아올 때쯤이면 너 나 할 것 없이 맥주 하나를 손에 들고 어슬렁거리며 말레꼰을 향한다. 한낱 방파제일 뿐인데 살사 음악이 흐르고 파도처럼 춤을 추며 밤을 맞이한다.

특별하게 가진 것도 가지지 않은 것도 없지만 정말 행복해 보이는 쿠바 사람들의 삶을 보고 있자면 우주의 시간이 멈춘 꼭 그들만의 세상인 듯 낯설다.

욕심이지만, 나는 쿠바가 발전되지 않았으면 한다.
지금으로도 충분히 쿠바는 행복하니까.

¶

스스로 행복하다고 생각하지 않는 사람은 행복하지 않다.

- 퍼블릴리어스 사이어스 -

NIKE
SB

#나는 쿠바의 밤을 꽤 사랑해 - 쿠바 아바나

쿠바 사람들은 해가 저물어갈 즈음이면 삼삼오오 집 앞에 모여 핸드폰이 아닌 각자의 하루 일과를 얘기하며 시간을 보낸다.

우리에게 없어선 안 될 전기도 문제되는 게 하나도 없는지 랜턴에 의지해 날아든 신문을 읽고, 기타를 치며 노래를 하고 음악을 틀어놓고 춤을 추거나 작은 등불 아래서 마작을 둔다.

미디어 매체로부터, 와이파이로부터 자유로운 그들은 그 안에서 본인들이 어떻게 행복할 수 있는지를 아주 잘 알고 있다.

서로의 마음을, 눈을 보는 소통을 하며 살아요, 우리.

VENDO
APTO

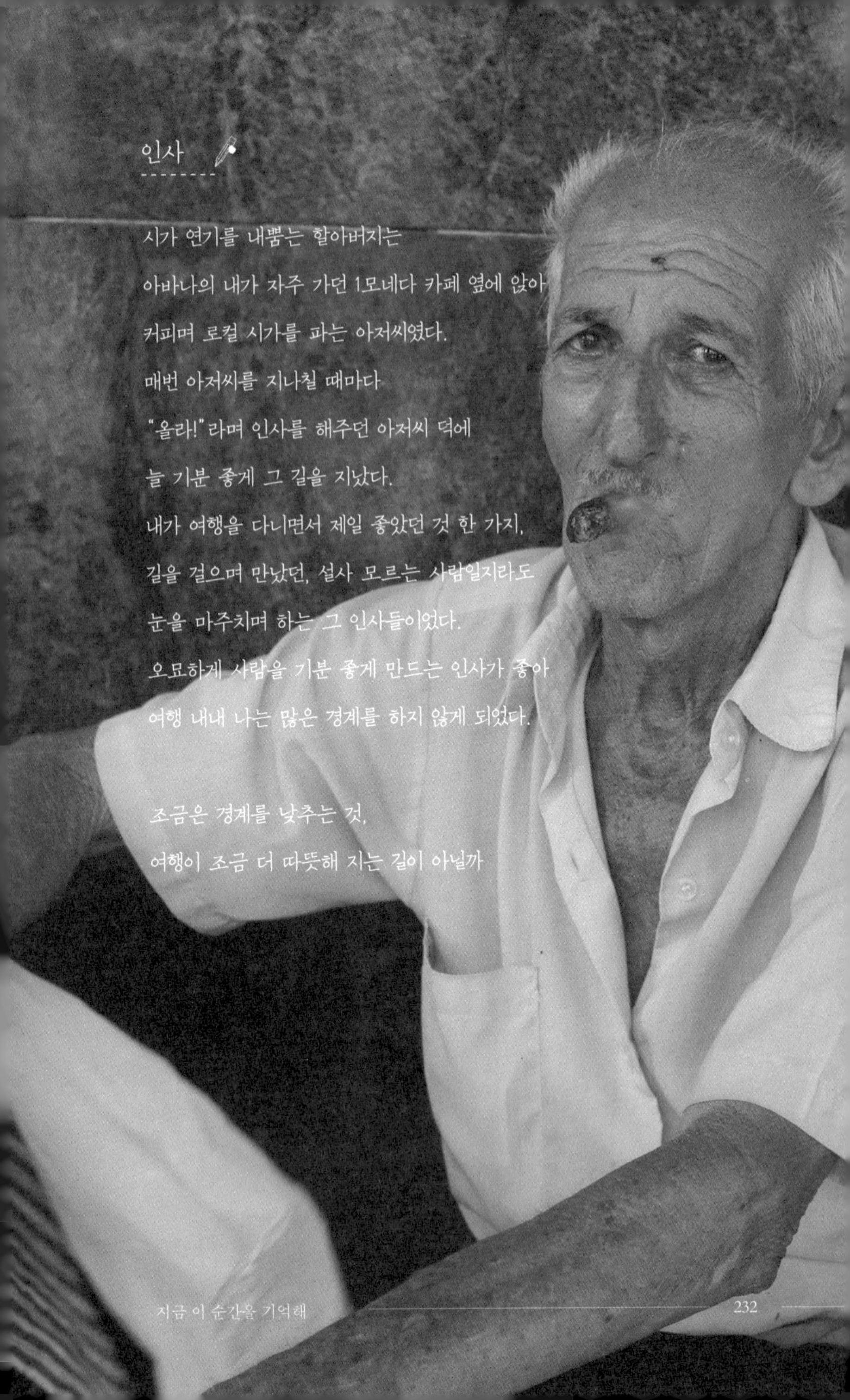

인사

시가 연기를 내뿜는 할아버지는

아바나의 내가 자주 가던 1모네다 카페 옆에 앉아

커피며 로컬 시가를 파는 아저씨였다.

매번 아저씨를 지나칠 때마다

"올라!"라며 인사를 해주던 아저씨 덕에

늘 기분 좋게 그 길을 지났다.

내가 여행을 다니면서 제일 좋았던 것 한 가지,

길을 걸으며 만났던, 설사 모르는 사람일지라도

눈을 마주치며 하는 그 인사들이었다.

오묘하게 사람을 기분 좋게 만드는 인사가 좋아

여행 내내 나는 많은 경계를 하지 않게 되었다.

조금은 경계를 낮추는 것,

여행이 조금 더 따뜻해 지는 길이 아닐까

내 여행을 사줄래? - 미국 뉴욕

10월의 뉴욕, 센트럴 파크의 어느 길목에 자리를 펴고 앉아 사진을 늘어놓고는 어디서 박스 큰 거 하나를 구해 "제 여행을 팝니다, 엽서는 한 장에 2불, 제 여행을 응원하시면 더 주셔도 좋아요."라고 적었다.

길거리에 늘어선 예술가들 사이에 자리잡은 여행자가 궁금한지 수많은 사람들이 길을 걷다 멈춘다.

"넌 어떤 여행을 하니?"
"난 행복하게 살기 위해 세계 여행을 하고 있어."

웃으며 대답하고, 현실에 살고 있는 낯선 이들에게 여행 이야기를 늘어놓는다. 그리고 그들은 가끔 내게 남은 잔돈을 털어주거나 어떤 이는 큰돈을 내 앞에 두며 "너의 여행을 응원해."라고 말한다.

사실, 언제나 쉽지 않았다.

수많은 사람들 앞에서 사진을 길바닥에 늘어놓고 사진을 향한 시선들을 일일이 다 맞춰낸다는 게. 그럼에도 불구하고 단 천 원을 팔아도 그저 밥 한 끼 먹고 하룻밤 누일 수 있는 돈을 벌 수 있다면 이 또한 나의 도전이라 생각했기 때문에 종종 길거리에 앉았다.

사람들은 여행자인 나를 예술가로 분류했다. 그리고 그들은 나의 겉모습이 아닌 내 여행을 보고 사진을 보며 나라는 사람을 알아간다.

"I Love your life."

나는 또 이 한마디에 감동을 받는다. 낙엽이 흩날리는 이 공원에서 뉴요커들의 바쁜 걸음이 내 앞에 멈춰질 때마다 그들과의 대화에서 소소하게 행복감을 얻어가는 것이리라.

해 질 녘이 돼서야 나는 자리를 털고 일어섰다. 그리고 곧장 뉴욕의 한 스테이크 집으로 달려갔다. 따끈따끈한 스테이크 한 덩이를 잘게 썰어 입에 넣었다. 밖에서 얼어버린 몸과 함께 입 안에서 육즙 가득한 스테이크 조각이 녹아내렸다.

오늘도 행복하다

결국 행복은 멀리 있는 게 아니다. 오늘 하루를 잘 살아내는 것.

그게 바로 최대의 행복이다.

기적이 나에게 찾아오길 바라며 기다릴 수도 있지만

내가 기적이 되어 찾아갈 수도 있다.

– 닉부이치치 –

매일이 즐거울 수만은 없는 우리들의 여행 - 프랑스 파리

한국을 떠나 두 번의 봄이 지났고 세 번째 겨울이 내게 왔고, 그새 나는 지구 한 바퀴를 다 돌아 다시 서유럽 파리에 도착했다.

파리 시내가 보이는 호스트집에서 에펠탑을 오가던 매일, 낡아지고 늘어진 옷은 배낭여행자의 낭만이라 생각했건만, 화려한 에펠탑 앞에서 초라하기 그지 없이 생각되던 날이 있었다. 에펠탑은 좋았지만 길어진 여행에 추위를 견디며 선잠을 자던 텐트 안이 싫어졌고, 차가운 바람 안에 서서 히치하이킹을 하려고 기다리는 시간이 싫었고, 과자 한 봉지, 1유로짜리 햄버거로 배를 채우는 일도 지겨워졌다.

"나 요즘 권태기가 왔나 봐. 집에 가고 싶다."

"언제든지 돌아와, 힘들면."

오랜만에 전화를 걸어 대뜸 권태기를 논하는 내게 친구는 아무런 말도 없이 언제든지 돌아오라고 말한다.

매일 다르던 풍경인데 왠지 똑같이 느껴져 몸은 여행 중인데 마음으로는 온갖 복잡한 생각으로 가득 찼다. 내가 지금 여기서 마냥 이러고 있어도 되는 건지, 한국으로 돌아가야 할 것만 같은 기분에도 다시는 떠나오지 못할 것 같아 꾸역꾸역 여행하던 난데, 갑자기 낯선 곳에서 낯선 풍경을 보며 설레야 하는데 전혀 설레지 않는다.

마음 속에서 악마와 천사가 싸우는 것 같은 기분마저 든다.

사실 이 오랜 시간 동안 여행하면서, 여행은 특별함이 아닌 곧 내가 살아가는 시간이었다. 늘 현실과 이상 사이에서 몹시 혼란스러워하며 연애하듯 설레던 여행과 권태기에 빠졌고, 연애도 그렇듯 무사히 그 권태기를 잘 극복하고 나서야 나는 다시 여행이 즐거워지기 시작했다.

여행은 매일이 행복할 수는 없지만, 그 자체만으로도
내가 살아가는 삶이다.

바보는 방황하고, 현명한 사람은 여행한다.

- 룰러 -

각자의 자리에서

여행에 있어 시간적인 문제는 아무것도 아니야.

얼마나 길게, 짧게 또는 얼마나 많은 국가를 가느냐 아니냐에 대한 것들 말이야. 그저 중요한 건, 내가 그 여행 안에서 얼마나 '행복했는가'에 관한 거야. 다 내려놓고 세계 여행을 떠나는 것도 멋지고 자기가 하는 일에 충실하며 틈틈이 여행을 떠나는 사람도 멋져. 또는 자기가 하고 싶고 이루고 싶은 일들을 위해 그것을 열심히 하는 사람도 말이야.

우린, 다 각자의 자리에서 멋지게 잘하고 있어.

간단해, 우린 각자의 자리에서 즐기기만 하면 돼.

#몽마르뜨가 아닌 몽마르뜨 – 파리

늦가을의 파리, 몽마르뜨 언덕에서 와인을 마시기 위해 구글 지도를 보고 그곳을 찾아갈 때였다. 아마 나는 지도를 잘못 본듯해서, 노란 잎이 떨어지는 은행나무로 잔뜩 둘러싸인 공동묘지 공원에 도착했다. 그 공원은 오묘하게 스산했지만 이곳이 몽마르뜨 언덕인가보다 하며 한 바퀴를 돌며 노랗게 내린 가을이 예쁘다고 생각할 때쯤, 깔끔한 코트를 차려 입은 할아버지가 떨어지는 낙엽 사이로 묘를 어루만지고 있었다. 떠나간 이를 그리워하는 그 모습이 애잔하게 느껴졌다. 그리고 한참을 그곳에 서 있었다.

떠나간 이에 대한 그리움, 막연한 쓸쓸함.
여행에서는 늘 예쁘고 대단한 풍경만 마주하는 건 아니다.
비록 난 목적지에는 가지 못했지만,
뜻밖에 길 위에서 만나는 모든 것들은,
내 마음을 울린다.

그대로

수많은 사람들이 장기 여행을 떠나며 한국에서의 긴 부재에 대한 답을 찾으려 무던히도 노력해. 그리고 답을 찾지 못하면 그 상실감에 빠져 무기력함에 허우적거리기도 하고.

지금 느껴지는 대로 느끼는 것이지. 매일매일 즐거워야 하고 날씨가 좋아야 한다는 강박관념 속에 지낼 필요가 전혀 없어. 무언가를 해야 하고, 어떠한 결과물을 만들어내려 노력하며 긴 부재에 응당하는 것들로 대하려 하지 말자.
그렇게 여행에 나를 맞추는 순간부터 나는 굉장히 불안해지기 시작할 테니.

날이 좋으면 좋은 대로, 좋지 않으면 좋지 않은 대로,
있는 그대로 천천히, 지금 이 순간에 스며들기를.

#나도 여행자였지만 사실 그들이 참 부러웠어 - 포르투갈 리스본

"몇 년째 여행 중이야?"
"6년째"

리스본의 어느 호스텔에서 만난 온두라스 출신의 '호세'는 6년째 여행 중이라고 했다. 무엇으로 여행 경비를 마련해 다니냐고 하니 하루하루 길에서 저글링을 하며 돈을 번다고 한다.

"그걸로 가능해?"
"하루 벌어, 하루 먹고 하루 자면 되지 뭐!"
아주 간단명료했지만 내게는 매우 신선하게 들렸다. 여행 일 년 반쯤이 넘어가던 내가 가장 듣고 싶었던 말이기도 했다. 너무 많이 생각하지 않는 삶, 의식의 흐름대로 자연스럽게 사는 것, 그것을 바로 이들은 여행이라고 하는 듯했다.

나 또한, 길어지는 여행의 경비를 충당하기 위해 내가 좋아하는 사진을 찍고 그 사진을 인쇄해 물가가 비싼 나라에서는 사람이 많이 다니는 길목에 앉아 사진을 팔았다. 많이 벌지는 못했지만 빵 하나, 우유 하나 정도는 사먹을 수 있는 정도의 돈이 벌렸고, 때때로 어떤 사람들은 내 사진이 아닌 내 여행을 사 많은 돈을 지불해주기도 했다.

나는 이런 전 세계의 여행자들을 만나며 수도 없이 여행이란 어떤 것인가에 대한 생각을 이야기했다. 그들은 참 멋진 여행자이기 이전에 인생을 잘 사는 사람들이었다. 아코디언을 연주하며, 저글링을 하며, 기타를 치며 노래를 부르고 액세서리를 만들어 팔며 몇 년째 길 위에서 산다는 그들이 참 부러웠다. 이런 게 바로 삶이라며 당당히 말하는 그 모습마저도.

그 자체만으로도 본인이 만족하는 삶을 산다는 것이
쉬워 보이면서도 얼마나 어려운 일인지 알기에.

순간에 감사하고 지금을 즐기는 것
한 번뿐인 인생에 내가 할 수 있는 최고의 일이 아닐까.

사랑할 수 밖에 없는 나의 여행.

¶

여행과 변화를 사랑하는 사람은

생명이 있는 사람이다.

- 바그너 -

그 겨울의 까미노 - 포르토

난 겨울의 까미노를 걸었다. 포르투갈의 리스본에서 스페인 산티아고 데 꼼뽀스텔라까지는 650km. '완주'라는 목표가 있어 하루에 20~40km까지, 프랑스 길에 비해 한적하다 못해 사무치게 외로운 겨울의 포르투갈 길을 걸었다. 하루에 주어진 거리를 다 걸으려 쉴새 없이 걷다 보니 풍경을 감상하거나 생각하기는커녕 하루 종일 한마디도 하지 않아 입에서 단내가 나거나 시간에 쫓겨 밥도 거르기 일쑤였고, 도착하면 피곤해 잠들기에 바빴다.

금새 지루해졌다. 내가 지금 이 길을 왜 걷고 있는지, 도대체 왜 이 추운 날 배고프고 다리가 아파가며 이러고 있는지, 아직도 나는 한국 스타일의 '그저 목적, 그저 완주'라는 단어에 엮여 헤어나오지를 못하는가 싶어 재미가 없었다.

성모 마리아가 발현하셨다는 파티마 즈음이었나, 그곳에서 몇 명의 순례자들을 만났다. 이 길을 걷는 이유에 대해 나는 물어야만 할 것 같아서 답을 찾으려 질문을 던졌다.

"왜 이 길을 걸어?"

"내가 행복하기 위해서 걷는 거야."
"많은 사람들을 만날 수 있잖아."
"목적지는 없어, 우리에게 주어진 시간 동안 이 길을 즐기면 돼."
"이렇게 멋진 풍경과 향 좋은 와인을 두고 어떻게 걷기만 해?"
"살면서 언제 이런 길을 이렇게 자유롭게 걸어보겠어?"

그 이후로 나는 완주할 생각은 아예 지워버렸다. 그런 목적성의 완주라는 단어 자체가 이 까미노를 걷는 길에서는 의미가 없었다. 수많은 한국 사람들은 800km라는 완주의 틀 안에서 벗어나지 못해 완주를 목적으로 두지만 진짜 이 길을 걷고 싶은 사람들은 다르다는 느낌이 확 들었다.

'결국 나는 이 길을 즐겨야만 해.'
스스로에게 내려준 답이었다.

해안 길이 나오는 포르토부터는 길도 없고 까미노 표식도 없는 해안선을 따라 걸었다. 카페가 나오면 진한 에스프레소 한 잔을 마시고, 햇빛이 직선으로 내리쬐는 열두 시 즈음에는 몽돌 위에 배낭을 베고 누워 한두 시간쯤 낮잠을 자고, 힘이 들면 히치하이킹도 하면서 길을 걷는 것에 의미를 두고 그 길에서 만나는 사람들과 지내며 즐기기 시작했다.

완주할 목적이 사라지니 마음의 여유는 한결 나아졌다. 마음이 바쁘지도 않았고 부담도 덜했으며 가장 중요한 것은 몸이 힘들지 않으니 걷다 뒤를 돌아볼 수 있는 시간이 생겼다. 무수히 많은 풍경을 앞에 두고 지나쳤다가도 한 번쯤 걷다가 뒤를 돌아보면 내가 상상하지도, 보지도 못했던 것들이 눈앞에 펼쳐졌다.

그게, 나의 까미노다.

¶

우리는 목적지에 닿아야 행복해지는 것이 아니라

여행하는 과정에서 행복을 느낀다.

- 앤드류 메튜스 -

나의 선택이라면

혼자 하는 여행은 모든 것이 나의 선택이고 나의 결정이야.
일어나는 모든 일에 대한 것은 누구의 탓도 하지 못할
내가 져야 할 책임이라는 거지.

여행에서 일어나는 일들 또한 모든 것이
내 선택과 결정으로 이루어지기 때문에
그 결과를 스스로 받아들이고 인정해야 해. 그게 어떠한 것이든.

아마

이 여행이 끝난 이후에
어쩌면 생각보다 난 강한 사람이었다는 것을 알게 될지도 모르지.
자신에 대해 더 많은 것을 이해하면서 그렇게 우린 어른이 되어갈 거야.

#좋아하는 일, 행복한 삶 - 포르투갈 포르토

그들을 보고 있노라면 포르토의 핑크빛 노을이
내 가슴 깊숙이 스며들 것 같은 날들이다.

작은 팁 박스 하나를 앞에 두고 세상에서 제일 행복한 표정으로 매일 버스킹을 하는 친구들. 노래를 하지 않을 땐 강둑에 앉아 맥주를 마시며 얘기하거나 서로 기대 누워 책을 읽는 그들은 세상 아무 걱정 없는 듯한 얼굴이다.

"행복해?"
"응!"

자기가 좋아하는 일을 하며 사는 그들의 대답은 이미 내가 묻지 않았어도 노래하는 표정에서 충분히 알 수 있다.

"나도 저렇게 살고 싶다."

분명 쉬운 선택은 아니었을 것이지만 그들은 정말 잘해내고 있는 것처럼 보였다. 좀처럼 있을 수 없는 일이지만 나는 지갑을 열어 팁 박스에 돈을 넣었다. 노래를 잘 들었다는 의미보단 어느 정도 내가 어떻게 살아가야 하는지에 대한 답을 얻은 것에 대한 보답이었다.

좋아하는 일을 하며 행복한 삶을 산다는 건 우리에게 가장 어려운 일이지만, 가장 필요한 일이기도 하다.

행복을 꿈꾸고 그것을 삶의 이유로 만드는 것
오늘을 행복하게 살기로 결심한 이유다.

¶

대부분의 사람들은 자신이 마음먹은 만큼만 행복하다.

– 에이브러햄 링컨 –

CALEM
CALEM

청춘이라는 이름으로

완벽함을 만들어가기에 아직 부족한 것이 많은 게
우리들이라는 것을 우린 너무 잘 안다.
무언가를 이뤄내 보고자 떠나온 것이 아니기에
그 순간을 있는 그대로 즐기기만 하는 게
지금의 내 인생을 스스로 만들어 가는 것.

청춘이라는 이름으로 -

#여행 로맨스 - 포르투갈

그대와 함께 걸었던 그 길은 참 예뻤다.

내가, 그리고 네가 처음 마주하는 미치도록 아름다운 풍경을 보며 우리의 마음은 늘 봄바람처럼 살랑거렸다. 너와 나뿐인 장소에서는 모든 것이 특별했다.

이 순간이 너무 좋다며 말로 하지 않아도 함께 있다는 것 하나만으로도 늘 나를 웃게 만들었다. 설사 한국에 돌아가 이러한 관계가 사는 게 바빠 시들시들해진다고 해도 괜찮을 만큼.

햇살이 좋은 오후에 나무 그늘에 앉아 커피 한잔을 마시고, 바닷바람을 맞으며 모래사장을 걷다 배낭을 던져놓고 이런저런 수다를 떨다 낮잠을 자던, 그런 모든 날들이 내게는 낭만이었다.

매일매일 예쁜 풍경 속에서 우리는 사랑에 빠졌다. 어디든 함께라면 좋았고 어디든 함께여서 좋았고, 어디든 우리 둘뿐이어서 좋았다.

지금은 그대가 없지만,

훗날 그땐 그랬었지 추억할 수 있는 날들이어서

고맙다.

#아무것도 하지 않아도 되는 시간, 시베리아 횡단 열차 - 러시아

여행하면서 이렇게 추운 겨울을 마주한 적이 없다. 코끝까지 저려오는 추위가 눈썹이며 코털까지 하얗게 얼려버린 모스크바의 온도 영하35도. 시베리아는 겨울에 와야 한다는 이상한 법칙을 통해, 결국 나는 마지막 여행지를 러시아로 정했다. 인상 깊게 보았던 영화 '설국열차'를 타는 기분으로 '단백질 블럭이라도 사서 탈 걸 그랬나?' 홀로 농담을 하며 기차에 올랐다.

집으로 돌아가는 길, 무려 2년이나 걸렸다.

낭만적으로만 보였던 횡단 열차 안은 생각보다 썰렁했고 심심했다. 아침에 눈을 뜨면 뜨거운 커피를 한잔 마시면서 창밖을 바라보고, 때가 되면 라면을 먹거나 감자 칩으로 끼니를 때우고 나른해지면 낮잠을 잤다. 한겨울의 시베리아 열차에서는 아무것도 하지 않으며 시간을 보냈다. 책을 읽다가 멍하니 창밖으로 스쳐 지나가는 얼어버린 바이칼 호수를 보고, 다시 책으로 시선을 돌렸다가 눈이 잔뜩 쌓인 하얀 세상을 끊임없이 쳐다보며 달리고 달려도 아름다운 감옥 같은 풍경을 고집한다. 아마 앞으로 이런 지루함이나 무료함은 다시는 느끼지 못할 것이라고 생각하니 아무것도 하지 않는 시간도 참으로 빠르다.

"이제 끝이구나!"

블라디보스토크에 가까워질 때마다 여행의 끝이 실감 나 하루에도 몇 번씩 감정의 오르막길과 내리막길을 수도 없이 걸었다. 생각할 시간을 갖거나 한국에 돌아가서의 삶에 대한 다짐을 하기엔 정말 충분한 시간들이 매일이었기 때문에 이 점 하나는 매우 좋았다.

"내 인생에 다시 이런 시간들이 올까?"
결국 나는 열차가 종착역에 도착할 때까지 답을 내리지 못했다.

어차피 앞으로도 처음 살아보는 인생이 숱할 텐데 뭐.

여행과 인생

여행을 통해서 얻는 것은 예상치 못했던 일들을 마주하면서 그것들을 이겨낼 수 있는 용기가 생긴다거나 후에 그것을 추억으로 삼을 수 있다는 것이다. 그 일들이 있었기 때문에 지금의 내가 있는 것이라고 생각할 수도 있겠다. 나는 여행하면서 처음으로 행복을 위해 열심히 살았다.
여행하면서 매일이 행복하거나 좋았다고는 할 수 없지만 여행조차도 내 삶의 일부였기에 때때로 난감한 일이나 어려운 일에 부딪힐 때 그것들을 극복해냈고, 그것으로 인해 스스로 단단해졌다고 해도 과언이 아니다.

여행은 날 참으로 많이 키웠다. 낯선 이방인으로 살면서 지독한 외로움에 빠져있을 때 내가 했던 모든 경험들로부터 세상과 인생에 대한 진지함을 얻었고, 무인도에 떨어져도 살 수 있다는 자신감,
그 무엇보다 내 인생의 주체는 나여야만 한다는 것을,
나의 행복은 내가 만드는 것이라는 것을 알게 되었다.
스스로의 인생에 대한 책임감도 배웠다.

누구도 내 여행을, 인생을 대신해줄 수 없다.

인간은 자신이 필요로 하는 것을 찾아 세계를 여행하고
집으로 돌아와 그것을 발견한다.
- 조지무어 -

#나는
나를 감히
청춘이라 말할 것이다

청춘의 정의는 십대 후반에서 이십 대에 걸치는 인생의 젊은 나이를 뜻하지만, 서른이 넘어버린 내게도 보통의 청춘보다 더 뜨거운 청춘이 있다. 지금의 내가 그렇다.

나보다 어린 친구들의 당찬 패기와 꿈과 에너지를 보며 가끔 나이가 들어간다는 사실이 서글퍼지는 순간에도 나는 나를 청춘이라 그리 믿는다. 그래서 지금이기에 할 수 있는 일들을 하며 살려고 노력한다.

내 키의 반을 차지하는 배낭을 메고 세계를 누비는 일 또한 그중 하나에 속한다고 생각했다. 청춘인 마음은 그대로일지 몰라도 시간과 나이와 신체와 내 에너지는 나를 기다려주지 않을 테니 말이다.

그래서 내게 던져진 그 세상을 느끼고 로컬들과 어울리기 위해 카우치 서핑을 하고, 내 한계를 시험하기 위해 유럽과 아프리카, 남미 등에서 히치하이킹과 캠핑을 하며 내 청춘을 시험해 보고 싶어 고생도 참 많이 했다.

힘들었지만, 순간순간 행복했던 일들이 더 많았다.

위험한 일들도 많았지만 잘 극복했고, 청춘답게 많이 방황하고 즐기고 떠돌다 이만하면 됐다고 생각했을 때쯤 한국으로 돌아왔다.

한국에서의 31년보다 여행하면서 보낸 2년 동안의 수많은 일들이 나를 스쳐 지나갔다. 웃기도 하고 울기도 하고 짜증도 내고 좌절도 하고 즐기기도 하면서.

"이제 뭐할 거니?"

2년 동안 단 한 번도 생각해본 적 없는 것들에 대해 사람들은 질문을 쏟아냈다. 생각할 필요도 없이 오늘, 지금을 위해 살았던 시간들이었기에.

곰곰이 생각해봐도 여행이 내 인생을 바꾸진 못했다. 하지만 이 긴 여행으로 나로 살 수 있는 용기와 긍정적인 힘, 매 순간에 대한 감사함, 수많은 추억을 얻었고, 세계 어느 곳에서 살아도 살아남을 수 있다는 자신감이 생겼고, 하고 싶은 일들이 더 많아졌다.

"글쎄…."

선뜻 대답하지 못했다. 어떤 이는 책을 내라, 어떤 이는 여행사를 차려라, 어떤 이는 결혼해라, 또 어떤 이는….

사람들의 관심과 기대에 부응하려 무던히도 노력하기도 했고, 긴 부재로 인해 커진 공간을 어떻게든 채워 넣으려 조급한 마음을 먹기도 했다. 변한 듯 변하지 않은, 또는 변하지 않은 듯 변한 스스로가 너무 힘이 들어 많이 울었고, 현실로부터 도망쳐 어떻게든 답이라도 찾아내려고 점집을 찾아가거나 상담을 하러 다녔다.

사람들의 시선이 부담스러웠고 무서웠다.

다시금 내 삶이 아닌, 사람들이 원하는 삶을 살아야 할 것 같아 제주도로 도망갔다. 인적이 드문 사월의 제주를 걷고 또 걸으며 행복하게 잘 살았다. 고 이제 그만 죽어도 좋다고 생각하며 하루에도 몇 번씩 죽음에 대해 생각했지만 그러기엔 내가 걷는 제주의 길이 너무 예뻤다.

내가 사는 것처럼 살고 있다고 생각했던 여행의 순간들이 생각났다.

그래서 나는 죽을 수가 없었다. 그렇게 방황하는 삼십 대의 사춘기로 6개월이 금새 지나갔다. 긴 부재를 경력으로 채워 넣은 서른셋을 곱지 않은 시선으로 보는 사람들로부터, 뒤늦게 배운 세상으로부터의 '오늘을 행복하게 사는' 꿈을 가시고 세상을 방황하는 혼돈의 여행자로 살기 위해, 여행자의 삶을 선택했다.

여행은 내 인생을 바꾸거나 내게 어떠한 답도 내놓지 못했다. 다만, 여행을 통해 일정하게 짜인 프레임을 벗어나 있었던 그 시간들 안에서 나로 살 수 있는 용기를 얻었고 수많은 추억과 세계 어느 곳에서 살아도 살아남을 수 있는 자신감, 뭐든지 할 수 있다는 긍정적인 힘이 생겼다.

아마 난, 앞으로도 여전히 수많은 방황을 할 것이다.

뒤돌아보면 그동안의 수많은 방황들은 부모님을 떠나 처음 살아봤던 스무 살이었기에, 어른이 되어가는 내가 처음 살아보는 서른 살이었기에 해왔던 방황일 것이다. 앞으로 내게 다가올 서른넷, 서른다섯, 그리고 마흔 또한, 내게 익숙하지 않은 시간들을 마주하며 처음 살아보는 그 인생들을 받아들일 때마다 헤매고 아프고 후회하고 무너질지도 모른다.

그러기에 매 순간 완벽해야 하는 삶을 포기하기로 했다.

하고 싶은 것이 있으면 하고, 만일 하지 못한다면 아쉬워도 하고, 실패했다면 아프기도 하고, 놓쳤다면 후회하기도 하고, 길을 모르겠으면 헤매기도 하면서 그렇게 살아가기로 했다.

방황하지 않으면 나의 숨겨진 꽃 같은 날들을 모른 채 살아갈지도 모르니.

나의 빛났던 715일 17,160시간, 그리고 다시 시작된 여행.
눈부신 세상을 만났고, 그로 인해 눈부시게 살아가기를….

지금을 행복하게 사세요

지금 이 순간은 다시 돌아오지 않습니다

지금 이 순간을 기억해

초판 1쇄 인쇄 2019년 11월 06일
초판 1쇄 발행 2019년 11월 14일
지은이 이꽃송이

펴낸이 김양수
책임편집 이정은
편집·디자인 김하늘
교정교열 박순옥

펴낸곳 휴앤스토리
출판등록 제2012-000035
주소 경기도 고양시 일산서구 중앙로 1456(주엽동) 서현프라자 604호
전화 031) 906-5006 **팩스** 031) 906-5079
홈페이지 www.booksam.kr **블로그** http://blog.naver.com/okbook1234
이메일 okbook1234@naver.com

ISBN 979-11-89254-31-5 (03980)

* 이 도서의 국립중앙도서관 출판예정도서목록(CIP)은 서지정보유통지원시스템 홈페이지 (http://seoji.nl.go.kr)와 국가자료종합목록 구축시스템(http://kolis-net.nl.go.kr)에서 이용 하실 수 있습니다. (CIP제어번호 : CIP2019044995)

이 책이 나올 수 있게 도움을 주신 분들

임충만 이정주 박순경 강은미 강도화 김소라 김의성 유인선 정선영 김보민
손경식 임희성 김은희 신서경 정효린 현한수 오유리 서선영 신현옥 진소연
박신애 김준연 박루피 박찬홍 손호식 김동민 정보윤 이예은 유소연 권지현
성혜리 임은옥 이성준 이소정 이지혜 권혜성 김진영 이수현 송승현 조이수
송현정 윤정민 김현정 신미옥 이보권 조미리 노성욱 최양숙 권이아 이은비
김혜진 정믿음 한동원 허 단 정세미 김대광 이하영 천소희 현은란 김경미
송유림 박선영 이헌준 오은정 정영란 방혜인 신은옥 허 선 이채원 이영현
이진아 박설아 제 인 권 웅 강병두 효코퍼레이션 *감사드립니다.